L'HOMME.

(Homo.)

ESSAI ZOOLOGIQUE

SUR

LE GENRE HUMAIN.

2e Édition

ENRICHIE D'UNE CARTE NOUVELLE,
POUR L'INTELLIGENCE DE LA DISTRIBUTION DES ESPÈCES D'HOMMES,
A LA SURFACE DU GLOBE TERRESTRE,

PAR M. BORY DE SAINT-VINCENT.

Tome 1.

PARIS.

REY ET GRAVIER, LIBRAIRES-ÉDITEURS,

QUAI DES AUGUSTINS, N° 55.

M. DCCC. XXVII.

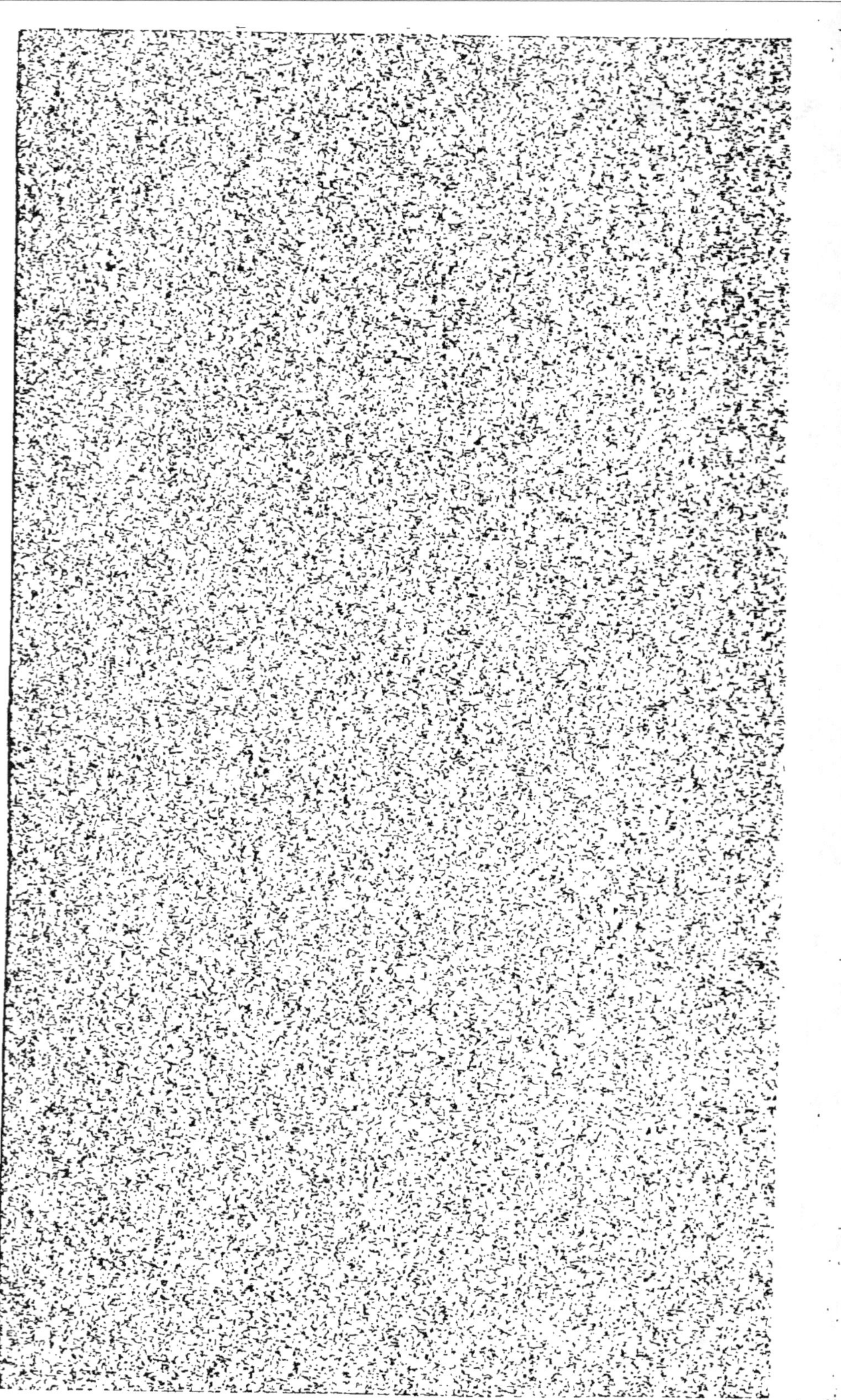

L'HOMME.

(*HOMO.*)

IMPRIMÉ CHEZ PAUL RENOUARD,

RUE GARENCIÈRE, N. 5.

L'HOMME.

(*HOMO.*)

ESSAI ZOOLOGIQUE

SUR

LE GENRE HUMAIN.

2ᵉ ÉDITION,

ENRICHIE D'UNE CARTE NOUVELLE,
POUR L'INTELLIGENCE DE LA DISTRIBUTION DES ESPÈCES D'HOMMES
A LA SURFACE DU GLOBE TERRESTRE.

PAR M. BORY DE SAINT-VINCENT.

TOME I.

PARIS.

REY ET GRAVIER, LIBRAIRES-ÉDITEURS,

QUAI DES AUGUSTINS, Nᵒ 55.

M. DCCC. XXVII.

« Qu'est-ce que l'Homme que tu le regardes
comme quelque chose de grand ? *Job. chap.* VII,
v. 17. Il est né de la Femme, vit peu, est rempli de misères ; il est comme une fleur qui s'épa-
nouit et se flétrit, il passe comme l'ombre.
Chap. XIV, *v.* 1 et 2. »

AVIS DES ÉDITEURS.

L'ouvrage que nous offrons au public fit primitivement partie du Dictionnaire classique d'Histoire naturelle *, rédigé sous la direction de l'auteur, par une réunion de jeunes savans, dignes héritiers de nos premières notabilités scientifi-

* Ce grand ouvrage, dont nous sommes les Editeurs avec MM. Baudouin sera composé de 15 volumes gros in-8°, à deux colonnes de petit texte, dont le xi° a déjà paru, et qu'accompagne une collection de planches représentant des objets d'histoire naturelle qui, pour la plupart, n'avaient jamais été figurés. Prix : 12 fr. le volume avec dix planches en noir, et 14 fr. en couleur.

ques. Il produisit, lors de son apparition, une grande sensation, entre les excellens articles originaux dont les divers rédacteurs enrichissent leur Dictionnaire. Comme on en avait tiré séparément une soixantaine d'exemplaires que le colonel Bory de Saint-Vincent distribua aux personnes dont il sollicitait des conseils pour la rédaction d'un traité, duquel l'article *Homme* n'était en quelque sorte qu'un sommaire, beaucoup d'amateurs des sciences n'ont cessé de s'adresser à nous pour se procurer un livre qui n'est pas dans le commerce, et l'ont fait avec d'autant plus d'empressement, que presque tous les journaux annoncèrent et analysèrent avec les plus grands éloges, une production confondue au milieu de quinze gros volumes, lesquels, pour la matière dont ils se composent, équivalent certainement à trente des Dictionnaires antérieurs, sans coûter à beaucoup près aussi cher.

Pour obtempérer aux nombreuses demandes qui nous ont été et qui nous sont tous les jours faites, nous avons prié M. Bory de Saint-Vincent de revoir son Article; il lui a donné une nouvelle forme; les négligences de rédaction qui s'y étaient glissées lors de la première publication, y ont été soigneusement corrigées, et les notes nombreuses qui s'y trouvent ajoutées lui impriment comme une physionomie nouvelle en le complétant. Une carte soignée a été dessinée par le colonel lui-même, pour que le lecteur pût le suivre dans les détails où il entre relativement à la distribution des espèces du genre humain à la surface de la terre. Il a, dans sa Mappemonde, consigné la nomenclature géographique établie par lui dans l'article MER du même Dictionnaire; article non moins curieux que celui que nous reproduisons, et qui pourra par la suite, avec d'autres extraits du même genre, former un traité particulier de géographie physique qui manque dans la librairie, et qui sera destiné à faire suite à celui-ci.

La dédicace qu'on trouve en tête

du présent livre est celle que M. le colonel avait adressée lors du tirage à part de son article, à l'un des premiers naturalistes de l'époque qui, dans sa mémorable Histoire du règne animal, a compris l'Homme au nombre des créatures susceptibles d'être zoologiquement classées parmi le vaste ensemble des productions naturelles.

REY ET GRAVIER,

Libraires, quai des Augustins, n^e 55.

« Vanité des vanités, dit l'*Ecclésiaste*, vanité
des vanités, tout est vanité ! *Eccl. chap.* 1, *v.* 2.
Mais j'ai vu que la sagesse a beaucoup d'avantages sur la folie, comme la lumière a beaucoup
d'avantages sur les ténèbres. *Chap.* 1, *v.* 13. »

A. M. G. CUVIER.

Monsieur,

L'article Homme que j'ai l'honneur de vous soumettre, résumé succinct de mes lectures et de mes observations de vingt-cinq ans, est l'esquisse d'un ouvrage en plusieurs volumes dont les matériaux sont en grande partie réunis, et dont je médite la publication.

J'en fais tirer quelques exemplaires à part et je les adresse, avec une petite Mappemonde que j'y adapte, aux savans qui, sur vos traces, s'occupent philosophiquement des sciences où vous tenez le premier rang.

Je demande à tous des conseils, d'après lesquels je compte perfectionner mon grand travail, car je n'ai pas la prétention de ne m'être trompé en rien. J'ose répondre que la soumission avec laquelle je profiterai des critiques judicieuses qui me pourraient être adressées me mettra en état de rendre digne de paraître sous vos auspices mon Essai sur le Genre humain.

En vous le dédiant, Monsieur, je m'acquitterai du tribut de la reconnaissance, car je dois à la lecture de vos excellens écrits le goût des études consolatrices où je me livre chaque jour avec une nouvelle ardeur, et l'hommage que je vous rends en cette circonstance sera d'autant plus digne de vous, que je n'y suis poussé par aucun autre motif.

Il vient d'un homme énergiquement indépendant, et dans un siècle où les dédicaces ne sont ordinairement qu'un moyen de solliciter quelque faveur des puissans du jour dont je n'ambitionne rien.

Veuillez agréer, Monsieur, l'assurance des sentimens de respect avec lesquels j'ai l'honneur d'être votre très sincère admirateur et humble disciple;

BORY DE SAINT-VINCENT,

Correspondant de l'Institut, Académie
des Sciences, etc., etc.

Paris, 3o juin 1825, et ce 3 mars 1827.

« Tu mangeras le pain à la sueur de ton visage,
jusqu'à ce que tu retournes en terre, car tu en as
été pris, parce que tu es poudre, et que tu re-
tourneras en poudre. *Genèse, chap.* III, *v.* 19. »

L'HOMME.

(*HOMO.*)

GENRE unique de cette famille des Bimanes qu'établit Duméril (1) qu'adopta Cuvier comme division d'ordre entre les Mammifères (2), et auquel nous croyons qu'on doit adjoindre, pour le rendre complètement naturel, le genre Orang (3).

----

(1) *Zoologie analytique*, p. 6. M. Duméril donne pour caractères à cette famille : Mammifères à membres séparés ; unguiculés ; aux trois sortes de dents ; et à pouce opposable aux mains seulement. Il ajoute « que le premier des êtres animés par la perfectibilité de ses organes, l'Homme, genre isolé, est cependant rapproché, par sa conformation générale, des Mammifères, dont il a tous les caractères. »

(2) *Règne animal*, t. I, p. 81.

(3) Nous croyons devoir donner comme com-

1

plément du présent ouvrage quelques éclaircis-
semens sur l'ordre des Bimanes que nous puise-
rons dans notre Dictionnaire classique (t. II,
p. 319.) « Cuvier, y est-il dit, qui n'a point séparé,
dans son bel ouvrage sur le Règne animal, l'Homme du reste de la Création, a cependant établi en
sa faveur, et parmi les Mammifères, l'ordre des
Bimanes, que caractérisent, selon lui, des mains
aux extrémités antérieures seulement. »

« L'Homme ne forme qu'un genre, selon Cuvier
(t. I, p. 81), et ce genre est unique dans son
ordre. Comme son histoire nous intéresse plus
directement, et doit former l'objet de comparaison auquel nous rapporterons celle des autres
animaux : nous le traiterons avec plus de détail. »

« Ainsi s'exprime l'illustre professeur dont les
recherches sur les créatures antédiluviennes, ont
déjà prouvé la haute antiquité de l'existence animale sur notre planète, et la multiplicité des révolutions physiques qui se sont succédées à sa surface,
où certains ouvrages consacrés supposent cependant qu'eut lieu un seul grand cataclysme. Cuvier
n'a point, à l'exemple d'un écrivain qui traita poétiquement de l'Histoire naturelle, cru qu'il était
de la dignité de notre espèce, de se singulariser

tellement entre toutes les autres , qu'on dût la tirer du Règne où son organisation la rejette , pour lui donner le vain titre de Roi de la Terre , que les réalités démentent. C'est à l'article HOMME que l'on examinera jusqu'à quel point cette suprématie doit être reconnue ; en attendant, il suffira de remarquer combien les meilleurs esprits, lorsqu'ils ont le courage d'attaquer des préjugés profondément enracinés, font à leur propre insu des concessions à l'antique erreur. Cuvier établit après l'ordre des Bimanes, où l'Homme est comme retranché en dominateur, celui des Quadrumanes, où se rangent les nombreuses tribus de Singes, dont plusieurs présentent avec nous des conformités anatomiques si humiliantes pour notre vanité ; c'est un moyen évasif de se conserver encore un degré de noblesse, mais d'une noblesse illusoire, comme celle que n'appuient plus des droits antiquement usurpés. Cependant, est-il bien vrai qu'on puisse repousser parmi les Quadrumanes cette première division de Singes, qui, de même que les animaux de l'ordre des Bimanes, ne contiendrait qu'un genre unique. Ce genre est l'Orang : il se compose d'êtres qui, tout comme nous, marchant debout et le front levé, paraissent gênés dans une autre attitude, et qui ne semblent abandonner celle que nous prétendons caractériser la supériorité, que parce qu'ils ont les bras d'une longueur démesurée, au point que la main peut toucher le sol, même dans la situation verticale.

Abstraction faite du développement de l'intelligence, il y a certainement plus de différence des Orangs aux Guenons et autres Singes à queue qui sont confondus avec ces animaux dans l'ordre des Quadrumanes de Cuvier, que des Orangs à l'Homme; un pouce imparfaitement opposable aux autres doigts des membres postérieurs dans les Orangs, qui n'en marchent pas moins sur leurs plantes, ne suffit pas pour établir qu'un pied soit une main. Un pied est ce qui sert uniquement à la locomotion, et qui soutient l'être qu'en dota la nature. Sous ce point de vue, les Orangs viendront inévitablement prendre place à nos côtés dans la famille des Bimanes, quand notre orgueil aura pris son parti sur des choses dont la saine raison démontre l'évidence. Les genres Homme et Orang sont conséquemment des Bimanes pour nous. »

« Qu'on reproduise à notre égard les vaines

déclamations et les expressions brutales par lesquelles on attaqua celui qui le premier osa comprendre le genre humain dans une classification systématique du Règne animal ; qu'on nous
reproche de ravaler le prétendu roi de la Nature
au niveau des Singes ; ce tyran de tout ce qu'il
peut attirer dans la sphère de sa puissance , n'en
sera pas moins un Animal. »

§. I.

De la place qu'occupe le genre Homme dans le Règne animal.

L'Homme est placé en tête de la classe
des Mammifères par Linné, dans l'ordre qu'il nomme *Primates* *, et que ce
législateur des Sciences naturelles avait
originairement appelé Anthropomorphes. (1)

* Voy. *Systema Naturæ*, 13ᵉ édition, t. I,
part. 1 , p. 21.

Dans la manière sentencieuse, propre à ses lucides écrits, le savant suédois, négligeant de caractériser le genre qui va nous occuper, n'employa pour le singulariser, que cette phrase de Solon, qui était gravée en lettres d'or sur le temple d'Ephèse, *Nosce te ipsum*. Mais plus d'un philosophe n'ayant pas compris le véritable sens de ces trois mots, et croyant faire preuve de sagesse en réclamant un rang de demi-dieux dans l'ensemble de la création, nous réparerons l'omission de Linné pour ceux qui pourraient tomber dans l'excès contraire, en considérant que de nuances en nuances on peut trouver une sorte de consanguinité entre l'Homme et les Chauve-Souris.

Les Chauves-Souris, les Singes, les Orangs et les Hommes ont de com-

mun la disposition des dents et la po -
sition pectorale des mamelles ; chez les
males, la liberté totale du membre
qui, caractérisant le sexe, demeure
pendant quand il n'est point excité
par des desirs amoureux, son prépuce
n'étant pas attaché de manière à le re-
tenir fixé contre le corps ; enfin chez
les femelles, un flux menstruel, communément appelé *règles*. (2)

De l'identité d'organisation dentaire
proviennent, sinon les mêmes appétits
absolument, du moins certaines ana-
logies dans les organes digestifs ; de la
ressemblance de l'appareil générateur,
et des fluxions périodiques, suit un
même mode d'accouplement, non subordonné à la saison du rut ; de la situation pareille des sources où les petits puisent leur première nourriture,

résulte une même manière d'allaitement où l'embrassement de la progéniture doit ajouter à l'amour maternel. Ces derniers rapports surtout ont contribué à provoquer le penchant que montrent les Anthropomorphes à vivre en famille ; penchant qui, chez l'homme, n'eût cependant pas suffi pour déterminer l'état social, si, comme nous le verrons par la suite, son dénûment même et la faculté qu'il a d'exprimer sa pensée au moyen d'un langage articulé, en la perpétuant par l'écriture, n'eussent subséquemment déterminé cet état social, auquel il dut être long-temps étranger.

En éliminant les Chauves-Souris de l'ordre où Linné les rapprocha de nous, en réduisant les Primates de ce grand naturaliste à nos pareils et à ses Sin-

ges, nous trouvons que les conformités se multiplient. Les intestins deviennent en tous points semblables; des
fluxions menstruelles apparaissent encore plus régulièrement dans les femelles qui élèvent et transportent au besoin leurs petits de la même façon (3);
les yeux dirigés, en avant et d'accord,
donnent à la vision cette unité qui doit
contribuer à la rectitude des idées; la
fosse temporale est séparée de l'orbite
par une cloison osseuse; des mains,
attribut précieux du tact, déterminent
pour une grande part la supériorité
intellectuelle, que semble commander
d'ailleurs un cerveau profondément
plissé, à trois lobes de chaque côté, et
dont le postérieur recouvre le cervelet : le dernier de ces trois lobes n'existe
pas encore dans les Chauves-Souris.

Ce rapprochement de notre espèce et du Singe irritait singulièrement Daubenton, qui pensa foudroyer la sixième édition du *Systema Naturæ*, par ces mots : « Je suis toujours surpris d'y trouver l'Homme, immédiatement au-dessous de la dénomination générale de Quadrupèdes, qui fait le titre de la classe : l'étrange place pour l'Homme ! quelle injuste distribution ! quelle fausse méthode met l'Homme au rang des bêtes à quatre pieds ! Voici le raisonnement sur lequel elle est fondée : l'Homme a du poil sur le corps et quatre pieds ; la Femme met au monde des enfans vivans, et non pas des œufs, et porte du lait dans ses mamelles : donc l'Homme et la Femme sont des animaux quadrupèdes ; les Hommes et les Femmes ont quatre dents incisives à chaque mâchoire, et les mamelles sur la poitrine : donc les Hommes doivent être mis dans le même ordre, c'est-à-dire au même rang avec les Singes et les Guenons, etc. » *

Linné ne dit pourtant point que l'Homme et la Femme soient des bêtes à quatre pieds; il n'emploie le mot Quadrupède qu'accessoirement, et pour désigner les quatre membres de la plupart des Mammifères mis en opposition avec les nageoires des Cétacés; il ne place pas davantage la Guenon au même degré que la Femme, car l'Homme occupe pour lui, et comme par privilège, le premier de tous les rangs : il y porte le nom de SAGE. Et avec quelle

* *Exposition des distributions méthodiques des animaux quadrupèdes.* Buffon de Verdières, t. XVI, p. 167.

éloquence, pour ainsi dire sacrée, Linné contemple au contraire Dieu tout-puissant dans sa créature de prédilection (4), tandis que l'impitoyable critique la dissèque pour en décrire sèchement les débris, de son temps conservés confusément avec ceux du Cheval, de l'Ane et du Bœuf, au cabinet du Roi!

Cependant si, pour isoler l'Homme des Singes, ainsi que le réclame l'émule de Buffon, en termes si durs, nous retranchons du genre *Simia* les espèces dont Linné formait, sous le nom de *Simiæ veterum*, sa première division, en y rapportant ce Troglodyte, qu'il avait d'abord regardé comme un Homme; si nous repoussons dans un ordre de Quadrumanes ces espèces grimpeuses, qui souvent marchent à quatre pattes, encore que la longueur de leurs membres postérieurs les dût porter à se tenir debout, et dont la colonne vertébrale se termine par une queue; en un mot, si nous ne considérons que le genre Orang des modernes, nous trouvons chez ce Orang et chez l'Homme un squelette en tout pareil, avec un os hyoïde; des molaires en nombre égal, qui n'ont que des tubercules mousses; une véritable face, une physionomie enfin où se peignent les moindres résultats de la pensée et l'effet des sensations; les femelles de l'un et de l'autre, portent un seul ou deux petits durant sept ou neuf mois; les ongles sont conformés de même manière, plats et arrondis, ils garnissent l'extrémité supérieure de doigts déliés, organes de comparaison par excellence; un véritable pied avec sa plante, s'étendant jusqu'au talon. La disposition des cuisses, attachées à un large bassin par les muscles puissans qui forment des fesses prononcées; la force de la jambe, que grossit un mollet plus ou moins marqué, déterminent dans l'un et dans l'autre la rectitude du maintien, la position verticale du corps; en un mot cette démarche de bipède où l'on vit un attribut divin. Ainsi l'Homme n'est pas le seul être qui marche debout, et « qui, portant vers le ciel la majesté de sa face auguste, ne tienne à la terre que par les pieds ». Si Platon eût connu l'Orang, il l'eût donc aussi appelé une plante céleste ?

Si l'Orang n'a pas le pouce du pied identiquement pareil à celui de l'Homme, et si ce doigt est chez lui tant soit peu plus libre, et légèrement opposable aux autres, c'est un avantage qu'il possède, et conséquemment ce n'est point une condition pour que l'Orang soit repoussé chez les Singes Quadrumanes (5); on n'y saurait tout au plus voir que l'un de ces nombreux passages, par où la nature procède habituellement pour lier tous les êtres dans l'ensemble infini de ses harmonies; ce n'est qu'un simple caractère générique, sans lequel non-seulement l'Orang serait de la même famille que l'Homme, mais rentrerait tout-à-fait dans le Genre Humain, pour ajouter de nouvelles espèces à celles que nous allons établir. (6)

L'Homme considéré génériquement, et sous le point de vue dans lequel nous devons nous borner à le faire connaître, a son pied élargi en avant, plat, portant sur une plante qui s'étend jusque sous un talon légèrement renflé. Les doigts de ce pied sont courts, avec le pouce plus gros ordinairement parallèle aux autres et conséquemment non opposable comme le pouce de la main. La jambe porte verticalement sur la partie postérieure de ce pied; elle y est articulée ainsi qu'à la cuisse, de manière à ne pas permettre que nous marchions autrement que debout. La seule inspection de son genou, où se trouve la rotule, petit os qui semble n'avoir été formé que pour rendre impossibles certains mouvemens de flexion, prouve l'erreur où sont tombés ceux qui avancèrent que l'Homme dut originairement marcher à la manière des Quadrupèdes. On conçoit

que, dans leur versatile inconséquen-
ce, ces écrivains qui nous ont tour-à-
tour représenté le genre de Mammifères dont ils faisaient partie comme
un miroir merveilleux de l'Être suprê-
me, ou comme la plus misérable des
bêtes flétrie d'une tache originelle,
aient pu croire à des Hommes sauvages
courant les forêts sur quatre pattes;
mais on voit avec une sorte de regret
le judicieux Linné métamorphoser son
Homo Sapiens en *Homo ferus tetrapus*,
et recueillir la nomenclature de quelques individus de l'espèce civilisée européenne, trouvés dans un état d'im-
bécillité résultant de l'abandon où les
avaient laissés sans doute de pau-
vres parens. (7)

De tels Sauvages quadrupèdes n'existent pas ou n'ont été que des malheu-

reux repoussés de la société dès leur enfance. Tout ce qu'on en raconte fait moins connaître l'Homme dans son état réputé primitif, que le penchant qu'ont la plupart des Hommes civilisés à saisir les moindres occasions d'occuper d'eux les trompettes de la renommée. On représente ces prétendus enfans de la Nature comme des brutaux, à peine doués d'instinct, privés de l'usage de la parole, ne poussant que des cris inarticulés, sans mémoire et ne pouvant jamais ou du moins qu'imparfaitement apprendre à parler. Leur découverte cause d'abord une grande rumeur dans les gazettes, ils finissent par mourir ignorés dans quelque hôpital de fous. L'observation de ce genre d'infirmes ne peut jeter la moindre lumière sur l'origine de notre

espèce ; ce n'est point d'après ces exceptions qu'il faut étudier l'Homme tel
qu'il dut être au premier temps de son
apparition sur la terre. Pour rechercher l'histoire de son enfance sociale ,
nous tenterons une autre voie.

« Quand l'Homme le voudrait, dit
Cuvier *, il ne pourrait marcher autrement qu'il ne marche ; son pied de
derrière court et presqu'inflexible , et
sa cuisse trop longue rameneraient
son genou contre terre ; ses épaules
écartées et ses bras jetés trop loin de
la ligne moyenne , soutiendraient mal
le poids de son corps, le muscle grand
dentelé qui, dans les quadrupèdes ,
suspend le tronc entre les omoplates
comme une sangle , est plus petit dans
l'Homme que dans aucun d'entr'eux ;

* *Règne animal*, t. I, p. 83.

la tête est plus pesante à cause de la grandeur du cerveau et de la petitesse des sinus ou cavité des os, et cependant les moyens de la soutenir sont plus faibles ; car l'homme n'a ni ligament cervical ni disposition des vertèbres propre à l'empêcher de se fléchir en avant ; il pourrait donc tout au plus maintenir sa tête dans la ligne de l'épine, et alors ses yeux et sa bouche seraient dirigés contre terre, il ne verrait pas devant lui ; la position de ses organes est au contraire parfaite, en supposant qu'il marche debout. Les artères qui vont à son cerveau ne se subdivisent point comme dans beaucoup de quadrupèdes, et le sang nécessaire pour un organe si volumineux, s'y portant avec trop d'affluence, de fréquentes apoplexies seraient la suite

de la position horizontale. L'Homme
doit donc se soutenir sur ses pieds
seulement. Il conserve la liberté entière de ses mains pour les arts, et ses
organes des sens sont situés le plus fa-
vorablement pour l'observation. Ces
mains qui tirent déjà tant d'avantage
de leur liberté, n'en ont pas moins dans
leur structure. Leur pouce, plus long
à proportion que dans les Singes,
donne plus de facilité pour la préhension des petits objets ; tous les doigts,
excepté l'annulaire, ont des mouvemens séparés, ce qui n'est pas dans
les autres animaux, pas même dans
les Singes. Les ongles ne garnissant
qu'un des côtés du bout des doigts,
prêtent un appui au tact, sans rien
ôter à sa délicatesse. Les bras qui portent ces mains ont une attache solide

par leur large omoplate et leur forte clavicule, etc. »

Les mains en effet, sont pour l'Homme des attributs d'autant plus précieux qu'il leur doit une grande partie de sa supériorité morale sur tous les autres Animaux; supériorité que nous sommes loin de contester et qu'il faudrait être aveuglé par des opinions étroites pour ne pas avouer avec un profond sentiment d'admiration, de respect et de reconnaissance, mais dont il n'est pas téméraire de rechercher les causes, parce qu'elles sont uniquement dans l'inépuisable Nature à l'histoire de laquelle nous avons consacré l'ouvrage dont on ne reproduit ici que le plus médiocre article.

Nous ne grossirons pas cet essai, de la description minutieuse des moindres parties externes d'un Animal dont chacun peut se faire une idée assez exacte en se regardant dans une glace, et en se comparant ensuite à ses semblables; mais nous toucherons quelques points de son organisation intérieure, en renvoyant préalablement aux mots ACCROISSEMENT, ALLAITEMENT, CÉRÉBRO-SPINAL, DENT, GÉNÉRATION, INTESTIN et SQUELETTE*, pour de plus amples détails et pour éviter les répétitions.

L'Homme a trente-deux vertèbres, dont sept cervicales, douze dorsales, cinq lombaires, cinq sacrées et trois coccygiennes (8). De ses côtes, sept paires s'unissent au sternum par des alon-

* Voy. tous ces mots dans le *Dictionnaire classique d'Histoire naturelle*, duquel le présent ouvrage est extrait.

ges cartilagineuses, et se nomment vraies côtes; les cinq paires suivantes, qu'y n'y tiennent pas aussi immédiatement, et qui sont plus petites, sont nommées fausses côtes. Son crâne a huit os; savoir: un occipito basilaire, deux temporaux, deux pariétaux, un frontal, un ethmoïdal et un sphénoïdal. Les os de sa face sont au nombre de quatorze: deux maxillaires, deux jugaux, dont chacun se joint au maxillaire du même côté par une espèce d'anse nommée arcade zygomatique, deux naseaux, deux palatins en arrière du palais, un vomer entre les narines, deux cornets du nez dans les narines, deux lacrymaux aux côtés internes des orbites, et un seul os pour la mâchoire inférieure. Son omoplate a au bout de son épine, ou arrête saillante, une tubérosité, dite acromion, à laquelle est attachée la clavicule, et au-dessus de son articulation, une pointe nommée bec coracoïde, pour l'attache de quelques muscles. Le radius tourne complètement sur le cubitus, à cause de la manière dont il s'articule avec l'humérus. Le carpe a huit os, quatre par chaque rangée ; le tarte en a sept ; ceux du reste de la main et du pied se comptent aisément par le nombre des doigts. La position du cœur, et la distribution des gros vaisseaux, est encore relative à la situation verticale habituelle à l'Homme ; car le cœur qui, dans les autres Mammifères, repose sur le sternum, est obliquement posé chez lui sur le diaphragme qui sépare la cavité de la poitrine de la cavité abdominale ; sa pointe répond à gauche, ce qui

occasione une distribution de l'aorte
différente de ce qu'elle est dans la plupart des Quadrupèdes. L'estomac est
simple et son canal intestinal de longueur médiocre; les gros intestins sont
bien marqués; le cœcum est court et
gros, augmenté d'un appendice grêle;
le foie se divise en deux lobes et un
.lobule; l'épiploon pend au-devant des
intestins jusque dans le bassin.

Aucun animal n'approche de l'Homme pour le nombre des replis des hé-
misphères du cerveau, organe qu'il
n'est cependant pas exact de croire
proportionnellement plus considérable
chez lui que chez tous les autres Ver-
tébrés, puisqu'il en est parmi ceux-ci,
où les lobes cérébraux sont réellement
plus, ou au moins proportionnellement, aussi volumineux.

Les mâchoires sont garnies de trente-deux dents en tout, seize à chacune, savoir : quatre antérieures, mitoyennes, aplaties, tranchantes, verticales ou à-peu-près, et appelées incisives; deux autres épaissies en coins et pointues, nommées canines; enfin dix molaires, cinq de chaque côté, dont les racines sont profondes, avec le corps presque cubique, et la couronne tuberculeuse.

La combinaison de ces dents et de l'appareil digestif, fait de l'Homme un être omnivore, c'est-à-dire qui peut se sustenter par une nourriture indifféremment animale ou végétale (9) : aussi vit-il partout, où des plantes et de la chair assurent sa subsistance; et nous remarquerons à ce sujet que c'est moins la différence des climats, que l'impossibilité de trouver des approvisionnemens appropriés à leurs besoins, qui déterminent la circonscription des espèces dans certains cantons respectifs : l'Homme s'acclimate sur les rivages des mers glaciales, où ne se trouvent guère de plantes ou d'animaux terrestres, mais où des poissons et des cétacés le peuvent alimenter; il vivrait dans les déserts, où l'on ne trouve ni poissons ni plantes convenables à son estomac, parce qu'il pourrait encore s'y nourrir du lait et de la chair de ses troupeaux; il prospèrerait même là où, la chair venant à manquer, ne mûriraient que des fruits, et ne croîtraient que des Céréales ou des racines bulbeuses. C'est donc une grande erreur que d'établir comme règle générale l'appétit des hommes pour les plantes ou pour la chair, en raison de cette influence absolue si faussement attribuée au climat. Le climat n'y fait que peu de chose; c'est l'organisation qui commande toujours.

Un penchant à tracer trop légèrement des règles générales, a fait poser en principe « qu'on pouvait considérer l'Homme comme divisé en trois zones pour la nourriture, l'Homme du tropique étant frugivore, l'habitant des pôles carnivore, et les peuples intermédiaires, l'un et l'autre en diverses proportions, suivant le degré de chaleur et de froid, la durée des hivers et des étés * ». Quels frugivores que ces Caraïbes, que ces Jagas, que ces hommes de la mer du Sud, qui, sous l'équateur, mangent d'autres hommes!

* *Dictionnaire de Déterville*, t. XV, p. 185 et suivantes.

3.

quels carnivores que ces Groënlandais,
qui, sous un cercle polaire, se nourrissent d'un pain fait de Lichens, avec
de l'écorce de Bouleau, et qui boivent
avec délices d'une huile rance !

Le sens du goût très développé chez
l'Homme, corroboré, pour ainsi dire,
par celui de l'odorat qui se confond
avec lui, la faculté de broyer et de
mâcher les alimens, qui vient de la
manière dont la mâchoire inférieure,
mobile en tout sens, se trouve articulée, et qui facilite la perception des
saveurs, sont pour lui les causes dé-
terminantes de la gourmandise qu'il
ne faut pas confondre avec la voracité,
parce que la voracité n'est qu'un appétit véhément, et non l'abus de quelque
faculté : la gourmandise est un vice;
la voracité, le simple effet d'un be-

soin irrésistible. L'Homme, au reste, n'est pas le seul animal chez lequel le plus grand développement de tel ou tel organe en provoque l'exercice désordonné. On peut voir aux mots ERECTILE (tissu) et CYNOCÉPHALES* de notre dictionnaire, les causes de la lasciveté de certains Singes. Notre espèce, en beaucoup de cas, partage les mêmes penchans effrénés : quant à l'amour, conséquence plus modérée des fonctions de ses organes reproducteurs, l'Homme en éprouve les douceurs ou la violence, sans qu'une saison de l'année plutôt qu'une autre, le pousse vers l'acte de la copulation; et ce n'est point, à proprement parler, un trait de cynisme, mais l'expression assez exacte d'une

* Consulter, pour ces articles, les tomes V, p. 252, et VI, p. 249; y voir aussi RUT.

vérité physique, que cette phrase de Beaumarchais : « Boire sans soif, et faire l'amour en tout temps, c'est ce qui distingue l'Homme de la bête ». L'Homme boit en effet très souvent sans nécessité, et seul parmi les animaux, il fait usage des liqueurs fermentées ; elles sont l'un des nouveaux besoins qu'il contracte dès qu'il se ploie à l'état social. Sous tous les climats, il cherche quelque moyen de rendre stimulante sa boisson habituelle : là, c'est la baie du Genevrier, ou les sommités des Pins et des Bouleaux, dont il obtient une sorte de bierre que les Céréales et le Houblon lui rendent plus délectable ailleurs. Ici, ces mêmes Céréales lui fournissent une liqueur alcoholique ; autre part, la Vigne lui prodigue un nectar plus doux, ou bien c'est le Riz et la Canne dont il extrait différentes eaux-de-vie; le lait même aigri et fermenté, des Champignons, l'Opium, ou toute autre substance, deviennent également, en certaines contrées, les matériaux de liqueurs enivrantes, dont l'abus altère les facultés morales. Certains individus, parmi quelques espèces d'Animaux, réduits en domesticité, semblent partager ce goût pour les liqueurs spiriteuses; mais chez eux, ce n'est guère qu'un effet de la dépravation produite dans les mœurs par la fréquentation de l'Homme.

Ne prétendant en aucune manière nous jeter dans des considérations d'une nature abstraite ou Hypothétique, étrangères au domaine de l'histoire naturelle, nous n'examinerons pas «s'il a été réservé à l'Homme seul,

« entre tous les êtres, de pouvoir con-
« templer son âme, et de mesurer ses
« devoirs et ses droits sur le globe* ».
Assez d'auteurs ont discouru sur ce
sujet qui touche à la théologie, et
qu'il nous serait conséquemment im-
prudent d'aborder; mais comme il est
indispensable de dire quelques mots
sur le rôle que l'Homme est appelé à
remplir dans l'ensemble de la Création,
nous emprunterons pour le faire le
passage suivant, extrait du Dictionnaire de Déterville** : « Si nous ne considérons, y est-il dit, que l'Homme
purement corporel, si nous étudions
sans préjugé sa conformation interne
et ses formes extérieures, il ne nous
paraîtra qu'un animal peu favorisé au

---

* *Dictionnaire de Déterville*, t. XV, p. 1.
** Même tome, p. 2.

physique, en le comparant au reste des êtres. Il n'est pourvu d'aucune des armes défensives et offensives que la nature a distribuées à chacun des animaux: sa peau nue est exposée à l'ardeur brûlante du soleil, comme à la froidure rigoureuse des hivers, et à toute l'intempérie de l'atmosphère, tandis que la nature a protégé d'une écorce les arbres eux-mêmes; la longue faiblesse de notre enfance, notre assujétissement à une foule de maladies dans tout le cours de la vie, l'insuffisance individuelle de l'Homme, l'intempérance de ses appétits et de ses passions, le trouble de sa raison et son ignorance originelle le rendent peut-être le plus misérable de toutes les créatures. Le Sauvage traîne en languissant, sur la terre, une longue carrière de douleurs et de tristesse; rebut de la nature, il ne jouit d'aucun avantage sans l'acheter au prix de son repos, et demeure en proie à tous les hasards de la fortune. Quelle est sa force devant celle du Lion, et la rapidité de sa course auprès de celle du Cheval? A-t-il le vol élevé de l'Oiseau, la nage du Poisson, l'odorat du Chien, l'œil perçant de l'Aigle, et l'ouïe du Lièvre? S'enorgueillira-t-il de sa taille auprès de l'Eléphant, de sa dextérité devant le Singe, de sa légèreté près du Chevreuil? Chaque être a été doué de son instinct, et la nature a pourvu aux besoins de tous : elle a donné des serres crochues, un bec acéré et des ailes vigoureuses à l'Oiseau de proie : elle arma le Quadrupède de dents et de cornes menaçantes; elle protège la

lente Tortue d'un épais bouclier ;
l'Homme seul ne sait rien, ne peut
rien sans l'éducation ; il lui faut enseigner à vivre, à parler, à bien penser ;
il lui faut mille labeurs et mille peines
pour surmonter tous ses besoins. La
nature ne nous instruisit qu'à souffrir
la misère, et nos premières voix sont
des pleurs. Le voilà gissant à terre,
tout nu, pieds et poings liés, cet être
superbe, né pour commander à tous
les autres. Il gémit, on l'emmaillote,
on l'enchaîne, on commence sa vie
par des supplices, pour le seul crime
d'être né. Les Animaux n'entrent point
dans leur carrière sous de si cruels
auspices ; aucun d'eux n'a reçu une
existence aussi fragile que l'Homme ;
aucun ne conserve un orgueil aussi
démesuré dans l'abjection ; aucun n'a

la superstition, l'avarice, la folie, l'ambition et toutes ses fureurs en partage. C'est par ces rigoureux sacrifices que nous avons acheté la raison et l'empire du monde, présens souvent funestes à notre bonheur et à notre repos; et l'on ne peut pas dire si la nature s'est montrée envers nous, ou plus généreuse par ses dons, ou marâtre plus inexorable par le prix qu'elle en exige.. » Si l'Homme, ajoute l'auteur de ce passage, n'est qu'un instrument nécessaire dans le système de vie, tout ce qui existe n'est donc pas formé pour son bonheur....; et il serait également faux de prétendre que les sujets furent formés exprès pour le souverain, et que toute la nature ait été créée exclusivement pour l'Homme. La Mouche qui l'insulte, le Ver qui dévore ses entrailles, le vil Insecte dont il est la proie, sont-ils nés pour le servir? Les astres, les saisons, les vents obéissent-ils aux volontés de ce roi de la terre, aliment d'un frêle vermisseau? Quelle démence de croire que tout est destiné à notre félicité ; que c'est l'unique pensée de la nature! Les pestes, les famines, les maladies, les guerres, les passions des Hommes, leurs infortunes et leurs douleurs prouvent que nous ne sommes pas plus favorisés au physique que les autres êtres ; que la Nature s'est montrée équitable envers tous ; que pour être élevés au premier rang, nous ne sommes pas à l'abri de ses lois ; elle n'a fait aucune exception ; elle n'a mis aucune distinction entre tous les individus, et les rois et les bergers naissent et meurent comme les fleurs et les animaux. L'Homme physique n'est donc pour elle qu'un peu de matière organisée, qu'elle change et transforme à son gré; qu'elle fait croître, engendrer et périr tour-à-tour. Ce n'est pas l'Homme qui règne sur la terre, ce sont les lois de la Nature dont il n'est que l'interprète et le dépositaire : il tient d'elle seule l'empire de vie et de mort sur l'animal et la plante; mais il est soumis lui-même à ces lois terribles, irrévocables : il en est le premier esclave; et toute la puissance de la terre, toute la force du Genre Humain, se taisent en la présence du maître éternel des mondes. »

Nous cesserons d'approuver l'écrivain duquel nous avons saisi l'occasion de citer une bonne page, lorsqu'il ajoute : « Que par ses rapports aux créatures vivantes, l'Homme en doit être considéré comme le modérateur, comme un instrument d'équilibre et de nivellement dans l'ample sein de la Nature, où il est la chaîne de communication entre tout ce qui existe, et que c'est l'Homme enfin à qui seul appartient le droit de vaincre et de régner ». Buffon n'était pas de cet avis, lorsque, s'élevant à toute la hauteur de son éloquence, il dit à propos des animaux domestiques * : « C'est qu'il faut distinguer l'empire de Dieu du domaine de l'Homme ; Dieu, créateur des êtres, est seul maître de la Nature ; l'Homme ne peut rien sur le produit de sa Création ; il ne peut rien sur les mouvemens des corps célestes,

* *Édition de Verdière*, t. XVI, p. 175.

4.

sur les révolutions de ce globe qu'il habite; il ne peut rien sur les Animaux, sur les Végétaux, les Minéraux en général; il ne peut rien sur les espèces; il ne peut que sur les individus, car les espèces et la matière en bloc appartiennent à la Nature, ou plutôt la constituent : tout se passe, se suit, se succède, se renouvelle et se meut par une puissance irrésistible. L'Homme, entraîné lui-même par le torrent des temps, ne peut rien pour sa propre durée : lié par son corps à la Matière, enveloppé par le tourbillon des êtres, il est forcé de subir la loi commune, il obéit à la même puissance; et, comme tout le reste, il naît, croît et périt. »

------

(1) C'est-à-dire semblables à l'Homme, ou de forme d'Homme. C'est dans la x   édition de son

Systema Naturæ, et dans le petit ouvrage intitulé *Animalium specierum*, etc., *Lugduni, Batavorum*, 1749, que le professeur d'Upsal corrigea ses dispositions précédentes. Les Anthropomorphes, devenus les Primates, furent l'Homme, les Singes, les Lémuriens et les Chauve-Souris. L'ordre eut pour caractère : quatre dents incisives avec deux crochets ou dents canines à chaque mâchoire.

(2) M. Lesson, à son retour d'une circumnavigation à laquelle ses découvertes contribuèrent à donner la plus grande importance, a vérifié ce fait sur des Roussettes ; il était déjà vulgaire à Amboine, ainsi qu'aux Sechelles pour d'autres Cheiroptères. Nous pourrions ajouter ici que chez les Anthropomorphes, le mâle est plus grand et plus fort que la femelle, ce qui est le contraire dans les Mammifères carnassiers et chez les Oiseaux de proie.

(3) Les femelles des Singes ont encore de commun avec la Femme, qu'elles ne repoussent pas les caresses du mâle durant la grossesse, comme le font les femelles de tous les autres Mammifères ; et qu'ayant les lèvres conformées à-peu-près de la même façon, les plus tendres bai-

sers sont aussi pour elles l'expression de la volupté autant que celle de l'amour maternel.

(4) Voyez l'admirable et concise introduction au *Systema Naturæ*, où celui que Daubenton prétend « s'arroger le droit de se confondre avec tout le genre humain dans la classe des Quadrupèdes, et de s'associer les Singes et les Paresseux » , s'enflamme en admiration sur la dignité du Genre Humain , jusqu'à dire :

Finis creationis telluris est gloria Dei ex opere Naturæ per Hominem solum.

Dans cette magnifique et cicéronienne préface si célèbre sous le titre d'*Imperium Naturæ* , Linné revient encore sur le même sujet avec Isaïe et le Roi psalmiste : *Sic totus Mundus gloriâ divinâ plenus est, dùm omnia creata opera Deum glorificant per Hominem* , etc. , etc.

(5) Par une singularité digne de remarque, pour rejeter les Orangs parmi les Singes et ceux-ci parmi les bêtes brutes, en conservant à l'homme toute la dignité qu'il s'arroge, on arguë d'un avantage incontestable que posséderaient les Singes et les Orangs. En effet, quatre mains ne vaudraient-elles pas mieux que deux, comme élémens de perfectibilité ?

L'habitude de grimper sur les arbres, rend jusque chez l'homme, le pouce opposable à un certain point, et d'une manière plus prononcée peut-être qu'il l'est dans les Orangs ou dans les Gibbons. Les naturalistes de Paris qui ont accordé tant d'importance à ce caractère, n'en ont raisonné que d'après les habitans d'une capitale qui, depuis leur enfance, portent une chaussure où les doigs des pieds étant emprisonnés ne peuvent prendre, par un exercice continuel, le développement qui leur serait propre si par état les citadins devaient, pour ainsi dire, percher dans les foréts; mais il n'en est pas de même partout, et nous rapporterons à ce sujet un fait qu'on peut facilement vérifier sur une classe nombreuse d'habitans des Landes aquitaniques de la France. Dans cette région aride, de vastes bois de Pins (*Pinus maritima L.*) couvrent certaines dunes et notamment le canton appelé le Marensin. Des paysans dont l'unique occupation est d'en exploiter la résine, pratiquent sur les troncs des entailles qu'on rafraîchit chaque année par le haut, au point qu'il en résulte avec le temps, une gouttière longitudinale, souvent élevée de trois ou quatre toises. C'est par cette plaie de l'arbre que découle le suc dont l'exploitation forme le principal revenu du pays. Pour gravir le long des troncs cylindriques, le *résinier* (l'homme qui recueille la résine) se sert d'une sorte de perche où, de distance en distance, sont de petits échelons sur lesquels portent à peine les doigts du pied droit, tandis que ceux du pied gauche se cramponnent contre l'arbre, les pouces étant séparés des autres. Il en résulte que ces pouces se contournent, deviennent exactement opposables, et acquièrent une certaine facilité de mouvemens, qui fait que le résinier s'en peut servir pour arracher l'écorce, saisir au besoin l'instrument qui sert à entailler, remuer en tout sens, et aider à ramasser les plus petits objets. Ces résiniers finissent par acquérir une dextérité remarquable dans les doigts des pieds et surtout dans celui dont l'inflexibilité et l'inertie seraient un des caractères de l'espèce humaine d'après nos savans. Nous avons employé un de ces paysans pour nous récolter des Lichens sur la cime des arbres, et il savait écrire avec ses pieds. Pour peu qu'on soit pratique des lieux, on distingue sur le sable la trace de ces Hommes des bois de notre Eu-

rope. Nous ne confondions jamais dans les her—
borisations de notre jeune âge ces traces avec
celles que les pasteurs impriment dans les dunes,
et les agriculteurs sur le sable des chemins.
Les résiniers ne devront-ils pas être séparés de
l'ordre des Bimanes, pour devenir des Singes?
Tous n'en ont pas l'intelligence; comme chez
plusieurs des premiers sujets de l'Académie
royale de Musique, leur esprit est dans les pieds.
On sait d'ailleurs que chez les Hottentots le
pouce se retire et se déjette déjà, tandis que la
plante se contourne sensiblement. Aussi distin-
gue-t-on encore à la trace ces habitans du sud de
l'Afrique ; les Caffres et certains colons européens qui se divertissent à les tuer ne s'y trompent jamais.

(6) Les rapports des Orangs avec les Hommes
sont si frappans, que les peuplades asiatiques ou
africaines chez lesquelles existent de tels Bimanes, et où l'on a souvent occasion d'en observer,
n'ont pas hésité à leur reconnaître une sorte de
parenté. Le nom par lequel on les désigne est
un mot malais qui signifie *être raisonnable ;* il
s'applique également à notre espèce. M. Frédéric
Cuvier (*Dict. de Levrault*, t. XXXVI, p. 276)

pense cependant que, chez de tels êtres, « les facultés ne sont pas mélangées de raison comme chez l'Homme, ni peut-être d'instinct, comme chez les Animaux d'un rang inférieur ». Nous trouvons qu'il est difficile de concevoir qu'un Animal quelconque puisse à-la-fois n'avoir ni raison ni instinct ; et peut-on refuser le raisonnement à ces Orangs desquels M. Frédéric Cuvier lui-même dit un peu plus haut : « Les notions qui ont été acquises sur ces Animaux suffisent pour que, d'après l'étendue de leur intelligence, on soit en droit de les placer à la tête du Règne animal, en en exceptant l'Homme ». Il eût été plus exact : de dire quelques Hommes, car bien certainement il est beaucoup d'individus, jusque chez les nations les plus civilisées, dont l'intelligence ne s'élève pas à celle du dernier des Singes. Quoi qu'il en soit, l'illustre frère de M. Frédéric nous donne une idée des Orangs, qui les rapproche beaucoup plus de nous que des Singes, parmi lesquels ce savant ne les place pas moins comme sous-genre. « Ils ont, dit-il (*Règne animal*, t. 1, p. 102), le museau très peu proéminent ; l'angle facial de 65° (5° de moins seulement que les hommes d'espèce éthiopienne), sans aucune queue ; ce sont les seuls Singes dont l'os hyoïde , le foie , le cœur et le cœcum ressemblent à ceux de l'Homme.... *L'Orang - Outang* est, de tous les Animaux , celui qui ressemble le plus à l'Homme par la forme de sa téte et le volume de son cerveau. »

M. Tiedemann (*Zeitschift fur Physiologie* , t. II ; 1ᵉʳ cah.) qui s'est occupé avec son ordinaire sagacité de ce cerveau , lui trouve la plus accablante conformité avec le nôtre , c'est-à-dire que dans les différences qu'il énumère nous n'en voyons guère de plus sensibles que celles qui existent entre les mêmes parties dans des individus différens de notre propre espèce. Si le cerveau des Orangs est plus petit relativement aux nerfs que chez nous , on ne doit pas oublier que chez les Nègres les nerfs au contraire sont dans un rapport opposé avec la masse cérébrale , ce qui n'empêche pas qu'ils n'appartiennent au Genre Humain. Le cerveau des Orangs diffère donc de celui des Singes 1º par l'absence du trapèze à la moelle allongée ; 2º par l'existence d'une échancrure postérieure au cervelet ; 3º par un plus grand nombre de sillons et de lames à la même partie ; 4º par la présence de deux tubercules maxillaires distincts ; 5° par les circonvolutions et les anfractuosités plus nombreuses et en même temps moins symétriques du cerveau ; 6° par l'existence d'incisures digitées sur les cornes d'Ammon. Par tous ces points l'encéphale des Orangs est pareil à celui de l'homme.

Il est surprenant que des créatures si curieuses par leur ressemblance avec nos semblables, n'aient pas été mieux observées. On en a long-temps confondu les espèces, et il est probable que ces espèces devront être réparties en deux genres, celui des vrais Orangs (*Pithecus*. Geoffr.) et celui des Gibbons (*Hylobates*. Illig.) Toutes sont des parties équinoxiales de l'Ancien Monde.

L'Orang le plus rapproché de nous est l'Homme des bois (*Simia Satyrus* de Linné) qui d'abord en avait fait, en citant la détestable figure donnée par Bontius (*Jav.* 88 , *tab.* 84), son Troglodyte, *Homo nocturnus*, le confondant sans doute alors avec le Chimpansé. La meilleure représentation qu'on en eût avant celle qui a paru dans la 42ᵉ livraison des Mammifères du Jardin des plantes de Paris, était celle de Vosmaer, faite d'après un individu qui avait vécu à La Haye. L'Homme des bois, dont le nom français est la traduction littérale de *Orang-Outang*, habite les contrées les plus orientales de l'Inde et la grande île de Bornéo. Il paraît que le Pongo décrit par Wurmb, dans le t. II, p. 245 des Mémoires de la société de Batavia, et dont Audebert a figuré le squelette fig. 5, pl. 11, dans son Histoire des Singes, n'est que le même animal adulte et parvenu à toute sa hauteur, qui est de quatre pieds au moins. Sa face, ses mains, son ventre, sont dépourvus de poils ; la couleur de chair s'étend autour des yeux et de la bouche; le reste de la peau, aux endroits où l'absence du poil permet de la distinguer, est bleuâtre. Le front égale en hauteur la moitié du reste du visage, où n'existent point d'abajoues, comme dans les Singes ; le pouce des pieds est très court. Ce dernier caractère ne permet pas d'appeler ces pieds, des mains, parce qu'ils ne servent d'ailleurs absolument que pour marcher et grimper comme chez l'Homme, quand celui-ci s'habitue de bonne heure au même exercice. (*Voy. note 5 du présent paragraphe*). De tous les naturalistes qui ont observé des Orangs, il n'en est pas un qui ait attribué sérieusement un autre usage à ces extrémités postérieures, dont l'animal se servirait au moins quelquefois pour la préhension, si elles n'étaient des pieds dans toute l'étendue du mot.

La seconde espèce d'Orangs est le CHIM-PENSÉ, *Simia Troglodytes*, L. type du genre *Troglodyte* de M. Geoffroy de Saint-Hilaire, dans son tableau des Quadrumanes (*Ann. Mus.*, t. XIX, p. 87), dont Buffon, qui en avait cependant possédé un individu vivant, a donné une assez mauvaise figure (t. XIV, pl. 1, de sa grande édition in-4°), sous le nom de Jocko. Audebert a, dans son Histoire des Singes, reproduit une figure pareille sous le nom de Pongo; mais d'après la peau assez mal rembourrée qui se conserve au Muséum d'histoire naturelle. Le meilleur dessin qu'on en possède est celui de Tyson, dans son Anatomie du Pygmé, dessin que Schreber a reproduit. Il en existe aussi une figure dans la description de l'Afrique par Dapper. Le Chim-pansé habite les régions dans lesquelles s'enfonce le golfe de Guinée; plus grand que l'Homme des bois, sa taille est la nôtre ou la surpasse même. Ses bras sont aussi plus courts que ceux de l'espèce précédente, et sa face nue, où se voient parfois de petits poils à la moustache et au menton seulement, est d'une couleur dont le teint des hommes mulâtres donne l'idée la plus exacte. Très forts, hardis, défians, sauvages, marchant la plupart du temps armés d'un bâton, éloignant de leur demeure, à coups de pierres, tout être dont l'approche leur porte ombrage, les Chimpansés se réunissent en troupes pour piller les plantations des nègres et enlèvent à ceux-ci jusqu'à leurs femmes, quand ils les peuvent surprendre. Ils ont, dit-on, pour leurs captives toutes sortes d'égards amoureux, et se construisent des cabanes en feuillage pour y habiter avec elles. Il est impossible de s'emparer des adultes vivans, parce qu'ils se défendent avec fureur jusqu'à la mort; mais on en a élevé de jeunes, dont le naturel était fort doux, et qui, de même que de véritables Orangs-Outangs, se sont parfaitement civilisés. On a appris à ces animaux des choses que l'Homme seul semblait. pouvoir faire. « Ils répètent sans peine, dit M. Frédéric Cuvier (p. 282), toutes les actions auxquelles leur organisation ne s'oppose pas, ce qui résulte de leur confiance, de leur docilité, et de la grande facilité de leur conception. Dès la première tentative, ils comprennent ce qu'on

leur demande , c'est-à-dire qu'après avoir fait
l'action pour laquelle on vient de les guider,
ils savent qu'ils doivent la faire d'eux-mêmes
lorsque la même circonstance se renouvelle :
ainsi, ils apprennent à boire dans un verre, à
manger avec une fourchette ou un cuiller, à se
servir d'une serviette. Ils se tiennent à table
comme un domestique derrière leur maître, et
l'on assure même qu'ils versent à boire, donnent
des assiettes, etc. » Comment se fait-il que l'excellent observateur dont nous venons de transcrire quelques lignes, ajoute que toutes ces choses ne sont pourtant pas des actes de raisonnement, et qu'on pourrait les apprendre à des
chiens, seulement avec un peu plus de peine.
Lorsqu'en 1808 M. Frédéric Cuvier eut occasion
d'observer vivant un Orang arrivé à Paris, il lui
accordait cependant, dans les Annales du Muséum (t. XVI, p. 58) «la faculté de généraliser
ses idées, de la prudence, de la prévoyance, et
même des idées innées, auxquelles les sens n'ont
jamais la moindre part. »

Buffon, au contraire, avait dit : « La langue
et tous les organes de la voix sont les mêmes que
dans l'Homme chez l'Orang-Outang , et il ne

parle pas; le cerveau est absolument de la même forme et de la même proportion, et cependant il ne pense pas. Y a-t-il une preuve plus évidente que la matière seule, quoique parfaitement organisée, ne peut produire ni la pensée, ni la parole qui en est le signe, à moins qu'elle ne soit animée par un principe supérieur ». Malgré l'assertion de Buffon , la parole n'est pas toujours la preuve d'un principe supérieur animant la matière. Des imbécilles et des perroquets peuvent parler fort distinctement. La vérité est que les organes de la voix ne sont pas tout-à-fait les mêmes chez les Hommes et les Orangs ; si le cerveau n'est pas tout-à-fait aussi volumineux dans ces derniers, il est moins démontré que jamais que la grosseur de cet organe soit la seule cause d'une haute capacité intellectuelle ; et l'on ne saurait douter que les Chimpansés , qui se construisent des huttes pour y vivre commodément avec des négresses, selon M. de la Brosse cité par Buffon, ne pensent au moins à leurs plaisirs. En faire des automates avec Buffon, ou leur accorder des idées innées avec M. Frédéric Cuvier , sont également des propositions inadmissibles. Il nous semble plus prudent de pren-

dre un juste milieu entre ces écrivains, en re-
connaissant que si les Orangs ne s'élèvent pas à
la hauteur intellectuelle des hommes de génie,
ils sont supérieurs, sous beaucoup de rapports,
à la plupart des autres Mammifères, y compris
les pensionnaires du docteur Esquirol. Nul doute
qu'on ne puisse apprendre beaucoup de choses à
des chiens, et qu'on n'en voie qui sautent pour
le roi, en faisant l'exercice; mais ces singeries
ne passent jamais en habitude chez les Barbets
auxquels on les enseigne; ils ne les répètent qu'au
commandement qui leur en est fait, sous l'influence
du bâton ou d'un regard menaçant de leur maître.
Les Orangs n'ont pas besoin de tels excitans pour
répéter celles des actions humaines que des formes convenables leur permettent d'imiter. Ils
s'approprient, de ce qu'ils nous voient faire,
tout ce qui leur peut être commode dans l'état de
domesticité. Ils n'en oublient rien; on en a vu
accommoder leur lit dans toutes les règles, se
servir de curedents, essuyer avec un chiffon les
ordures sur le plancher d'un appartement,
boire de préférence dans des vases, et nettoyer soigneusement leurs lèvres après avoir
mangé.

Le caractère capital qui nous semble séparer génériquement les Hommes des Orangs, est la conformation gutturale qui interdit à ceux-ci l'usage de la parole articulée. La différence essentielle consiste dans les poches thyroïdiennes placées au-devant du larynx chez les seconds, de manière à ce que l'air qui sort de la glotte s'y engouffre, pour produire un murmure sourd qui ne peut jamais devenir un langage.

La nécessité où nous étions, de comparer l'Homme aux Bimanes des genres Orang et Gibbon, pour en déduire les rapports et la différence, commandait la longueur de cette note.

(7) *Juvenis Lupinus Hassiacus*, trouvé en 1544 parmi des Loups qui l'avaient élevé à leur façon, et dont il assurait que la société valait mieux que celle des Hommes, quand on lui eut appris à parler à la cour d'un landgrave. — *Juvenis Bovinus Bambergensis*, qui fut trouvé, vers l'âge de douze ans, parmi des bœufs, et qui, se battant contre les plus grands chiens, les mettait en fuite à coups de dents. Il grimpait avec une adresse merveilleuse sur les arbres, ce que les bœufs ne lui avaient probablement pas enseigné. — *Juvenis Ursinus Lithuanus*, pris en 1661

parmi les Ours, dont il avait pris les goûts et les habitudes, et qui eût encore voulu retourner parmi eux lorsqu'il eut vécu quelque temps entre les Hommes. — *Juvenis Ovinus Hibernus*, découvert dans une solitude de l'Irlande, parmi des troupeaux de Moutons avec lesquels il avait appris à paître, à bêler et à se battre à coup de front comme font les Béliers, lesquels n'avaient pas adouci son caractère brutal et sauvage. — *Puella Transisalana*, jeune fille sauvage en 1717. — *Pueri Pyrœnaici*, en 1719. — *Juvenis Hannoveranus*, en 1724. — *Puella Campanica*, en 1731. — Jean de Liège, dont Boerhaave se plaisait à raconter l'histoire dans ses leçons publiques, et dont l'odorat, qui était devenu aussi fin que celui du Chien, se perdit quand il eut adopté la vie sociale.

On pourrait grossir la liste des prétendus hommes sauvages, de cet autre jeune homme encore pris parmi les Ours, toujours en Lithuanie, et vu à Varsovie en 1694, par le médecin anglais B Connor. — De cette jeune fille qui selon Sigaud de Lafond, fut, en 1767, découverte toujours parmi les Ours en Basse-Hongrie. — De mademoiselle Leblanc, qu'a fait connaître Racine fils dans les notes de son poëme de la Religion ; laquelle demoiselle avait tué une autre jeune sauvage, sa compagne, pour lui enlever un chapelet, attrappait les lièvres à la course, prenait les poissons à la nage, renversait six hommes à coups de poing, et ne voyait pas un enfant sans avoir envie de sucer son sang à la manière des Vampires. — Enfin de ce Sauvage de l'Aveyron, véritable idiot, sale et dégoûtant auquel de nos jours, des gens que tourmente la manie d'écrire, voulurent donner de la célébrité pour s'en faire une.

(8) Ces vertèbres coccygiennes représentent une véritable queue rudimentaire, qui est assez considérable dans le fœtus, et dont l'avortement présente une singulière analogie avec ce qui arrive aux Têtards de Grenouilles et de Crapauds, quand ils passent à l'état parfait. Voy. dans notre *Dictionnaire classique*, l'article MÉTAMOR-PHOSE.

(9) L'Homme est tellement omnivore, qu'il peut se nourrir de terre. La géophagie n'est pas toujours chez lui le symptôme de quelque état pathologique d'où résultent des appétits désordonnés ; elle est une habitude constante pour des peu-

plades entières qui trompent pour ainsi dire la
faim, en remplissant leur estomac d'argile ou d'autres substances minérales dans lesquelles entre
de la magnésie. Georgi (*Description de Russie,*
t. III , p. 292 et suiv.) rapporte que les Sibé-
riens, dans les temps de disette, avalent une
sorte de terre glaise ; M. de Humboldt (*Tableaux
de la nature*, t. II , p. 191) dit que les Ottoma-
ques , peuples de l'Orénoque, avalent à-peu-près
une livre par jour d'argile lithomarge, après l'a-
voir légèrement chauffée et humectée. Le savant
voyageur La Billardière (*Sertum Austro-Ca-
ledonium , Præfatio*) nous apprend que les habitans anthropophages de la Nouvelle-Calédonie
mangent d'une stéatite tendre , friable et ver-
dâtre ; enfin , dans quelques populations de Nègres , au Sénégal, on fait habituellement cuire
le riz en y mélant une assez grande quantité
d'une autre stéatite blanche et onctueuse qui tient
lieu de beurre. Chez une nation européenne où
la décrépitude politique semble reproduire la
barbarie des premiers temps d'une enfance sociale, on reconnaît des traces de géophagie. Le
Piment, qui , réduit en poudre, entre dans presque toutes les préparations culinaires dont on se

délecte en Espagne y est combiné avec de l'Ocre rouge appelée *Almagro*, et qu'on tire d'Almazaron au royaume de Murcie. On voit sur l'étal de presque toutes les boutiques, des caisses d'une poudre qui ressemble à de la brique pilée, et que l'étranger croit d'abord destinée à rougir le carreau des appartemens, mais qui doit colorer et lier les sauces. C'est surtout dans ces sortes de saucissons appelés *morsillas* et *Schorissas* dont on fait un commerce considérable en Estramadure, que l'Almagro entre en fort grande quantité, et au point de charger les estomacs qui n'y sont point habitués.

---

§. II.

S'il existe une seule ou plusieurs espéces dans le genre Homme.

Si l'Homme par son organisation et dans ses fins, n'est qu'un être fragile,

lié à la matière, enveloppé dans le tourbillon des êtres, pourquoi n'existerait-
il pas chez lui diverses espèces, comme
il en existe, par exemple, entre les Singes, les Hyènes et les Serpens? il en
est en effet; et beaucoup de ces espèces
nous paraissent plus tranchées que
ne le sont la plupart de celles qu'adop-
tent ailleurs, sans hésiter, les naturalistes cités pour leur circonspection; cependant comme jusqu'ici on n'aborda
l'Histoire de l'homme qu'avec certaines
précautions commandées par des considérations étrangères à la science dont
nous nous occupons, les auteurs les
plus convaincus des vérités que nous
essaierons de démontrer, ne convin-
rent jamais positivement qu'il existât
des espèces, dans ce qu'on était
convenu de regarder comme l'espèce

par excellence et sortie d'une source unique. La plupart crurent éluder la difficulté en se tenant à des races, ne se souvenant probablement point que le mot race, synonyme de *lignée*, s'emploie le plus habituellement en parlant des animaux domestiques, particulièrement des Chiens où Buffon n'était pas plus tenté de voir des espèces distinctes que chez l'Homme. (1)

C'est interpréter étrangement, selon nous, le texte d'un livre sur l'autorité duquel divers docteurs voient des parens dans tous les Hommes, que regarder le Papou, le Hottentot, l'Esquimaux, et les aïeux du saint roi David, par exemple, comme consanguins. Le premier livre des Juifs dit à la vérité: « LES DIEUX créa l'Homme, et il le créa

MALE ET FEMELLE * », ce qui paraît
ne supposer qu'un premier couple, si
l'auteur sacré n'a pas entendu établir
que le premier Homme fut un Hermaphrodite ; mais les Juifs et leur législateur, qui ne connurent d'abord d'autre
espèce que la leur, et que des ordonnances célestes avaient expressément séparés de toutes les autres, eussent-ils, dans
leur légitime orgueil, regardé les peuples rouges et noirs qui leur étaient
en tout étrangers, comme des frères? Adam était le père de leur race
seulement : ils n'auraient pas voulu des
Chinois, des Nègres et des Botocudos
pour cousins, s'ils en eussent jamais
vu, eux qui regardaient déjà comme
abominables ces Sichimites, ces Ama-
lécites, ces Moabites et autres Cana-

* *Genèse*, chap. 1 , v. 27.

néens, avec lesquels, malgré la ressemblance, ils ne voulaient nul contact,
et qu'ils exterminaient au nom de leur
Dieu (2). On voit d'ailleurs dans tous
les livres sacrés qui furent inspirés à
leur usage, quelle horreur on tenait à
leur inculquer pour le moindre mélange avec les étrangers ; et l'union de
leur sang au sang des anges même fut
l'abomination d'où provint le déluge :
car il est dit que « les enfans DES DIEUX
voyant que les filles des hommes étaient
belles, eurent commerce avec toutes
celles qu'ils choisirent et il en résulta
des géans qui furent des gens de re-
nom. L'insolence de ceux-ci provoqua
la colère du Créateur, lequel se repen-
tit d'avoir fait l'Homme à son image,
et l'Éternel dit : j'exterminerai de toute
la terre les Hommes que j'ai créés,

depuis les bêtes jusqu'aux Reptiles, et même jusqu'aux Oiseaux des cieux, car je me repens de les avoir créés * ». Il noya donc, pour nos méchancetés, tous les Animaux à la surface de la terre.

Les livres juifs n'entendent pas établir que leur premier Homme ait été le père du genre humain, mais seulement celui de leur espèce privilégiée. Ne s'occupant absolument que du peuple élu, ces livres impérissables semblent laisser à des historiens profanes, le soin de débrouiller le reste des généalogies humaines. Il ne peut conséquemment y avoir aucune impiété à reconnaître parmi nous plusieurs espèces, qui, chacune, auront eu leur Adam et leur berceau particulier. Ces

* *Genèse*, chap. vi, v. 2-7.

espèces auront sous elles des races, et ces races des variétés.

Nous convenons qu'il serait consolant pour la philanthropie, qu'on pût faire comprendre aux Hommes, de quelque espèce qu'ils pussent être, qu'ils doivent s'aimer comme les membres d'une même famille, et ne pas s'entr'égorger ou se vendre les uns les autres. Mais la recherche de la vérité n'admet pas de telles considérations, et c'est une manière insuffisante de prouver l'évidence des choses mises en doute, que d'argumenter des consolations qu'on peut tirer de leur croyance. Quant à ceux de nos semblables qui tiennent à s'isoler dans la Création, ils doivent d'autant plus adopter nos idées sur la diversité des espèces dans le genre humain, que la noblesse de

la leur en semble devoir être nécessairement rehaussée; ils pourront,
sans remords, autoriser la traite des
Nègres qui ne leur seront plus de
si proches parens. Quant à nous, qui
ne voudrions pas même qu'on maltrai-
tât le dernier des Animaux, laissant
respectueusement de côté les preuves
bibliques qu'il nous serait facile d'ac-
cumuler en faveur de nos idées, c'est
par les faits matériels seulement que
nous essayerons de les établir.

De ce que le Blanc et le Nègre produisent ensemble des métis féconds,
et que par diverses combinaisons on
peut ramener à l'une des deux sources
les descendans provenus de leur croisement, l'on a conclu qu'il y avait identité d'origine! Cependant la faculté de
produire des métis féconds n'est pas

une preuve que le père et la mère
soient d'espèces identiques. L'Œga-
gre et la Brebis, le Loup et nos Chiens,
la Linotte et le Serin qui sont d'espèces très distinctes, donnent le jour
par leur union, à des êtres capables de
se reproduire à jamais : mais du Cheval et de l'Ane, pourtant si ressemblans,
ne résultent que des Mulets ordinairement inféconds. Tandis que, dans
un même genre, on trouve fréquemment des espèces ressemblantes qui ne
se fécondent pas l'une l'autre, ou dont
l'union adultère ne donne que des
produits stériles ; on en trouve d'assez dissemblables dont les hybrides
prospèrent, fructifient, et deviennent
par fois des chefs de races toujours reproduites et qui finissent même par
acquérir cette sorte de physionomie

qui doit tôt ou tard leur donner droit à l'admission au rang des espèces.

Il faudrait pour prouver que le Blanc et le Nègre tiennent leur différence de celle des climats sous lesquels ils vivent, que la lignée du Nègre ou du Blanc eut changé, sans croisement du blanc au noir, ou du noir au blanc, après avoir été transportée du sud au nord ou du nord au sud; la chose n'a jamais eu lieu, encore que des écrivains obstinés, dans leur étroites vues d'identité, l'aient affirmé; elle est même impossible. Ces écrivains abusent de l'axiome: que la couleur n'est pas un caractère spécifique, et feignent d'ignorer qu'il est cependant des cas où les couleurs, quand elles sont constantes, fournissent des caractères suffisans. On a particulièrement remarqué sur la

côte d'Angole, ainsi qu'à Saint-Thomas sous la ligne, au fond du golfe de
Guinée, que les Portugais établis depuis environ trois siècles, sous l'influence d'un ciel de feu, ne sont guère
devenus plus foncés qu'on ne l'est généralement dans la péninsule Ibérique, et qu'ils y sont demeurés des
Blancs, tant qu'ils ne se sont pas croi-
sés (3). Sous ce brûlant équateur, qui
traverse, dans l'ancien monde, la patrie des Éthiopiens couleur d'ébène
et des Papous bistrés, on n'a pas
trouvé de Nègres ~~En~~ Amérique, où
les naturels semblent au contraire
être d'autant plus blancs qu'ils se
rapprochent davantage de la ligne
équinoxiale (4); et la preuve que la couleur noire n'est pas causée uniquement par l'ardeur des contrées inter-

tropicales, c'est que les Lapons et les Groënlandais, nés sous un ciel glacial, ont la peau plus foncée que les Malais des parties les plus chaudes de l'univers. Ceux qui parmi ces Hyperboréens, s'élèvent le plus vers les pôles, y deviennent presque des Nègres.

Ce n'est d'ailleurs point de la couleur seulement que les espèces d'Hommes empruntent leurs différences : ces espèces se distinguent encore les unes des autres par leur structure et par plusieurs traits de leur organisation intime dont l'influence s'étend jusque sur les facultés intellectuelles, et conséquemment qui déterminent le degré de développement moral où chacune peut atteindre.

On a encore argué en faveur de l'i-

dentité du Blanc et du Nègre, de ce
que les virus morbifiques et les maladies contagieuses se communiquent
de l'un à l'autre. Nous n'entendons
pas nier cette triste vérité, trop démontrée par le funeste échange que
firent de la variole et de la maladie
syphilitique l'ancien et le nouveau
monde ; mais n'est-il pas prouvé que
le vice vénérien a été communiqué à
des Chiens, et la petite vérole à des
Singes, et que conséquemment le
même virus peut agir dans certaines
circonstances sur des espèces appartenant à des genres plus ou moins
éloignés ? Si on contestait ce fait, ne
se verrait-on pas réduit à convenir,
après la découverte de l'immortel Jen-
ner, que l'Homme peut être confondu
parmi les Bœufs, parce que les Vaches

lui fournissent le vaccin? Les entomologistes n'ont-ils pas reconnu, d'ailleurs, que les Poux du Nègre étaient d'une autre espèce que les Poux du Blanc? et l'on sait que la plupart des animaux à sang chaud nourrissent, selon leur espèce, des ~~Arachnides~~ de ce genre toujours différens. Enfin, a-t-on dit encore fort judicieusement : « Si les naturalistes voyaient deux Insectes ou deux Quadrupèdes aussi constamment différens par leurs formes extérieures et leur couleur permanente que le sont l'Homme blanc et le Nègre, malgré les métis qui naîtraient de leur mélange, ils n'hésiteraient pas à en établir deux espèces distinctes. » *

Abandonnons ces dénominations de

* *Dictionnaire de Déterville*, t. XV, p. 150.

Blanc et de Nègre, d'où vint peut-être la principale source d'erreur. Rejetons tous noms spécifiques empruntés des teintes, et qui ne sauraient être plus exacts que ceux qu'on emprunterait d'un *habitat* trop minutieusement circonscrit. En recherchant, en établissant quelles sont les véritables espèces dont se compose le genre dans lequel nous rentrons nous-mêmes, tâchons d'imposer à ces espèces les noms les plus propres à ne plus laisser d'équivoque.

Linné, qui avant tout autre, osa classer le genre *Homo* dans le Règne animal, en lui assignant néanmoins, comme nous l'avons déjà vu, la première place, y admit d'abord deux espèces, l'*Homo Sapiens* et le *Troglodytes* ; cette dernière n'était qu'un

Orang *. La première y étant demeurée seule, lorsqu'il eut perfectionné son *Systema Naturæ*, eut sous elle cinq variétés : α l'AMÉRICAINE brune. β l'EUROPÉENNE blanche. γ l'ASIATIQUE jaune. δ l'AFRICAINE noire. ε la MONSTRUEUSE. Cette dernière se composait de toutes les défectuosités qui se rencontrent dans les quatre autres. Quel que soit notre respect pour les opinions de Linné, nous ne saurions adopter de telles divisions évidemment arbitraires. Les quatre parties du monde de la vieille géographie ne renferment assez exactement aucune espèce pour qu'on en puisse emprunter des noms valables; outre qu'il est de ces grandes régions que peuplent plusieurs espèces d'Hommes, tandis qu'il est de

* Voy. la note 6 du §. 1, page 52.

ces espèces entières qui semblent être étrangères aux quatre prétendues parties du monde. (5)

Buffon qui, ne voulant pas que l'Homme fût un animal, ne l'en décrivit pas moins dans son histoire naturelle des animaux, n'y admit pas plus que Linné d'espèces distinctes : il n'y vit que des races et des variétés. Comparant, après d'immenses lectures, les notions que donnaient sur les divers peuples de la terre les voyageurs connus de son temps, il devina à travers l'amas d'erreurs qui devaient résulter de leurs rapports trop souvent contradictoires, l'existence et les caractères de plusieurs des espèces qu'on est aujourd'hui forcé d'avouer, avec les limites des contrées où ces espèces se sont propagées. Les voyageurs modernes fournissent des données plus exactes et propres à perfectionner l'immortel essai de Buffon. Déjà notre grand écrivain avait indiqué, mais simplement comme ~~rare~~ *race*, l'espèce Hyperboréenne ou Laponne, distingué les Tartares des Chinois, signalé la séparation des Malais, l'unité des Éthiopiens, la différence de ceux-ci avec les Hottentots; mais il confondait tous les peuples occidentaux de l'ancien continent, et ne réunissait que trop peu de lumières sur ceux du nouveau.

M. Duméril, dans sa Zoologie analytique, n'admettant que le genre Homme dans sa famille des Bimanes, n'y reconnaît pas plus d'espèces que ne l'avaient fait ses devanciers, mais il y voit six races ou variétés principales : 1° la Caucasique, ou Arabe-euro-

PÉENNE ; 2° l'HYPERBORÉENNE ; 3° la
MONGOLE ; 4° l'AMÉRICAINE ; 5° la MA-
LAIE ; 6° l'ÉTHIOPIENNE. Il indique cependant cette dernière comme formant presqu'une espèce dans le genre.

M. Cuvier n'admet que des variétés ,
et il en distingue trois, 1° la CAUCASI-
QUE ou blanche ; 2° la MONGOLIQUE
ou jaune ; 3° l'ÉTHIOPIQUE ou nègre ,
en avouant qu'il ne sait à laquelle des
trois rapporter les Malais , les Papous
et les Américains.

M. Virey, à son tour, s'est occupé de
l'histoire de l'Homme dans le Dictionnaire de Déterville, où l'ordre alphabé-
tique ne lui permettait pas de l'isoler en
dominateur, et de le placer en tête des
cohortes de la création. Se rapprochant
conséquemment plus de la nature que
ses prédécesseurs , cet auteur semble

reconnaître deux espèces qu'il caractérise par la mesure de l'angle facial, il donne le tableau suivant des races et des familles qu'il y rattache. (6)

GENRE HUMAIN.			
1re ESPÈCE. angle facial de 85 à 90 degrés.	1. Race Blanche	Arabe-Indienne. Celtique-Caucasienne.	
	2. Race Basanée	Chinoise. Kalmouk-Mongole. Laponne-Ostiaque.	
	3. Race Cuivreuse..	Américaine ou Caraïbe.	
2e ESPÈCE. angle facial de 75 à 85 degrés.	4. Race Brune-foncée. . . .	Malaie ou Indienne.	
	5. Race Noire.	Cafres. Nègres.	
	6. Race Noirâtre.	Hottentots. Papous.	

La division adoptée par M. Virey ne nous paraît nullement suffisante; elle n'est d'ailleurs fondée sur aucune considération nouvelle. Si l'auteur doit jamais réimprimer ses élucubrations, nous l'engageons à en faire disparaître

le GRAND-MOGOL *, qu'il assure être
de race blanche, mais qui n'existe pas;
à n'y plus confondre les Papous avec
les habitans de la nouvelle Calédo-
nie **; et surtout à ~~faire disparaître~~ *supprimer*
ce malheureux chapitre sur le liberti-
nage qu'il en a publié comme le com-
plément.

Enfin M. Dumoulin, l'un des anciens
collaborateurs de notre Dictionnaire, a
placé récemment dans un journal, son
tableau des différentes espèces du genre
Homme (7); nous croyons devoir nous
abstenir de faire l'éloge d'un tel essai,
parce qu'à très peu de chose près, il est
conforme aux idées émises par nous sur
le même sujet depuis plus de vingt ans,
que nos voyages nous ont mis en po-

* *Loco citato*, p. 154.
** *Loco citato*, p. 173.

sition de comparer sur les lieux des Hommes d'espèces diverses. L'auteur s'affranchissant de tous les préjugés qui avaient enchaîné les écrivains qui le devancèrent, reconnaît sans difficulté jusqu'à onze espèces dans le genre humain ; et les nomme : 1° Celto - Schyth-Arabes ; 2° Mongols ; 3° Éthiopiens ; 4° Euro-Africains ; 5° Austro-Africains ; 6° Malais ou Océaniques ; 7° Papous ; 8° Nègres-Océaniens ; 9° Australasiens ; 10° Colombiens ; 11° Américains.

Dès long - temps nous avions pressenti un plus grand nombre d'espèces dans le genre humain, et avec une nomenclature différente, nous les portions à quinze qui sont : 1° la Japétique ; 2° l'Arabique ; 3° l'Hindoue ; 4° la Scythique ; 5° la Sinique ;

6° l'HYPERBORÉENNE ; 7° la NEPTU-
NIENNE ; 8° l'AUSTRALASIENNE ; 9° la
COLOMBIENNE ; 10° l'AMÉRICAINE ; 11° la
PATAGONE ; 12° l'ÉTHIOPIENNE ; 13° la
CAFRE ; 14° la MÉLANIENNE ; 15° la
HOTTENTOTE (8). Avant d'entrer dans
l'examen de chacune de ces espèces,
nous devons avouer, que pour les caractériser d'une manière irrévocable,
beaucoup de documens anatomiques
nous ont manqué. Nous avons dû
nous arrêter trop souvent à de simples
différences extérieures, lorsque nous
sommes cependant convaincus qu'il
est indispensable de descendre profondément dans l'organisation des êtres
pour les distinguer invariablement les
uns des autres. En certains cas, nous
nous sommes trouvés réduits à chercher dans l'accumulation, plus que

dans la valeur réelle des différences, les bases de notre travail. Mais une conviction instinctive nous dit que de futures observations en confirmeront néanmoins l'ordonnance. MM. Durville et Lesson viennent déjà, par leur témoignage précieux, confirmer ce que nous avions dit presque conjecturalement de la seconde race de notre espèce Neptunienne. Ces zélés voyageurs ont l'un et l'autre, à l'exemple de MM. Quoy et Gaimard, observé avec la plus scrupuleuse attention les Hommes des Iles nombreuses où les conduisit récemment dans l'Océanique la corvette *la Coquille*. L'expédition du tour du monde qui a signalé l'apparition de M. de Clermont-Tonnerre au ministère de la marine, devra sa véritable importance à ces deux savans que l'opinion publique et les louanges de la postérité récompenseront et dédommageront immanquablement de tant de fatigues et de dégoûts supportés dans le seul intérêt des sciences. (9)

Nous avons cru devoir dédaigner, dans l'histoire esquissée de nos espèces d'Homme, ces rapports étrangers à l'Homme même et dont ceux qui en écrivirent nous paraissent s'être trop occupés. Les costumes, le tatouage, l'usage de se barioler de couleurs et de s'oindre le corps, de se remplir les cheveux d'ocre et de suif, de se taillader la peau, même à la figure, de se passer des morceaux de métal ou d'os à travers le nez, les lèvres, les oreilles, ou de s'allonger celles-ci afin d'y porter un couteau, ne sauraient fournir de caractères au naturaliste, et prouvent tout au plus, dans le genre humain, quand ces choses ne sont pas l'effet de nécessités locales, un penchant commun à la coquetterie, que partagent aussi plusieurs animaux.

———

(1) On a mis, on feint encore de mettre tant d'importance à n'admettre que des races dans ce qu'on tient à nommer l'*Espèce humaine*, que ce serait peut-être ici le lieu d'examiner ce que l'on doit entendre par les mots *Races* et *Espèces*, jusqu'à ce jour imparfaitement définis, parce qu'il est peu d'auteurs qui les aient employés de la même manière. Linné, quoi qu'en aient pu dire ses détracteurs, fixa la valeur du mot *espèce*, telle qu'elle se doit prendre en histoire naturelle, de la manière la plus satisfaisante, et sa définition a prévalu. Nous renverrons, pour cette définition, à l'article MÉTHODE, traité avec autant de clarté que de profondeur et de concision dans notre Dictionnaire (t. X, p. 463 et suiv.), par M. Achille Richard, digne fils de l'un des plus méthodistes

botanistes français. On y trouvera, en outre, comment, dans la Zoologie et la Botanique, on doit employer les mots *Individus, Variétés, Races* et *Genres*, et si, après avoir lu cet excellent morceau, on ne demeure pas convaincu qu'il existe diverses espèces dans le genre Homme, comme dans tout autre genre d'Animaux, il est inutile de pousser plus loin la lecture du présent ouvrage.

(2) Le Dieu fort, qui est jaloux (*Exode*, chap. XX, v. 5. *Josué*, chap. XXIV, v. 19), qui hait (*Deut.*, cap. XII, v. 31), et qui dit positivement à ses Juifs, en tête du chapitre XIV du Deutéronome : « Vous êtes les enfans de l'Eternel votre Dieu », eût-il expressément commandé, dans le même livre, d'exterminer, d'extirper tant de peuples, s'il avait existé entre eux et ses enfans la moindre parenté ? Il n'existe plus guère que le Grand-Turc ou autres princes mahométans qui aient de nos jours conservé le pouvoir de faire mourir de la sorte et sans miséricorde les membres de leur famille quand ils donnent de l'ombrage, ou des nations entières, parce qu'elles professent un autre mode de religion que le leur.

(3) *Hist. des voy.*, t. III, liv. VII, chap. XIII. Adanson (*Voy. au Sénégal*, p. 88) cite la progéniture de mahométans blancs, établis dès long-temps parmi les Nègres du centre de l'Afrique, qui s'est conservée blanche en dépit du climat.

(4) Il paraîtrait même, si l'on s'en rapporte à Ogilby (*Descr. du Congo*, p. 524), qu'il existe au-delà de la rivière de Koango, laquelle, selon Dapper, est à cinquante milles à l'est de Batta, une nation blanche avec de longs cheveux. Bruce a également eu des notions sur des peuples blancs, habitant les parties les plus chaudes de l'Afrique. Les Galas, qui du midi de l'Abyssinie s'étendraient dans l'intérieur jusqu'au Monomotapa, auraient à peu de chose près le teint des Européens. Toutes ces notions semblent se confirmer, selon divers voyageurs modernes.

(5) Necker avait déjà attaqué cette division vicieuse dans sa *Phytozoologie philosophique* (p. 9 et suiv.), ouvrage rempli d'idées incohérentes, d'invectives, d'obscurité et de répétitions fatigantes, mais qui n'en contient pas moins quelques vues de la plus grande portée. Necker, dans son parti pris de dénigrer en tout, les écrits

du grand naturaliste dont la réputation le tour-
mentait, trouva d'abord que, d'après les défini-
tions linnéenes, on pouvait confondre l'Homme
avec la Carotte, parce que l'un a le visage velu et
que l'autre a son fruit hérissé ; lourde plaisanterie
dans le genre tudesque. Il proposa ensuite un
changement radical dans le *Systema Naturæ*, au
sujet du genre Homme, chez lequel il n'admet
que des RACES, mais en assez grand nombre.
Parmi ces races, il en cite une du Labrador (note
17), dont les caractères consistent à avoir la
figure toute couverte de poils, comme un Ours,
mais qui n'existe pas ; et il adopte (p. 11) sans hésiter, la race des Hommes à queue qui n'existe pas
davantage. Les Hommes, selon le savant de
Manheim, sont d'une seule espèce, mais d'une
espèce qui ne demeure pas unique dans son genre,
«qui est celui des DACTYLOPHORES, ce qui signifie
doigts et je porte, comme qui dirait *Animaux por-*
tant des doigts ». L'Homme occupant le premier
échelon supérieur de l'échelle universelle des êtres
organisés, animés, est la première espèce de ce
genre *Dactylophorum.* Cette espèce est composée
de races différentes : le Pongo ou l'Orang-Outang
fait la seconde. Le Singe, dont les races sont

moins multipliées que celles de l'Homme, forme la troisième et dernière espèce (*Loco citato*, note 24.) N'était-il pas naturel qu'un homme qui émit de telles idées, essayât de jeter du ridicule sur les productions de l'un des plus beaux génies qui eût jamais paru ?

(6) *Loco citato*, p. 153. M. Virey a depuis délayé l'article de Dictionnaire où se trouve son tableau, pour en faire une histoire du genre humain avec une histoire de la Femme. Nous avouons n'avoir pas consulté ces écrits, auxquels nous ne renverrons pas les personnes qui daigneraient lire les nôtres, pour ne pas encourir le reproche d'avoir appelé leur attention sur l'étrange essai qui termine les ouvrages de M. Virey.

(7) Nous lisons dans l'un des cahiers (octobre 1825) du *Bulletin des sciences naturelles*, un grand éloge des travaux de l'auteur du tableau qui vient d'être cité, et dont le manuscrit, nous ayant été par hasard communiqué, paraissait être d'une plume dont nous avions souvent corrigé, pour les rendre intelligibles, des phrases bizarrement construites. Nous transcrivons ici un passage de l'article laudatif, parce qu'il nécessite quelques explications. « Une partie *ab-*

solument neuve dans le travail de M. D...., c'est le tableau du genre Homme. Dans une monographie imprimée six mois après ce travail, M. Bory de Saint-Vincent dit qu'il se dispensera de louer ce travail, parce qu'il est en grande partie conforme aux idées publiées par lui depuis vingt ans. M. D..... nous prie d'observer à M. Bory de Saint-Vincent, que dans l'*Essai sur les îles fortunées*, le seul de ses ouvrages où il soit question de l'origine des races humaines, loin d'avoir reconnu la diversité spécifique dans le genre humain, il pense au contraire que les Atlantes (les Guanches) sont venus du grand plateau central de l'Asie, patrie commune, selon lui, des Atlantes, des Hyperboréens, des Tartares, des Européens, des Mongols et des Chinois : manière de voir qui restreint encore le nombre des races admises avant lui par Blumenbach, M. de Lacépède, etc. Cette explication laisse tout entière à M. D.... la priorité des divisions qu'il vient de publier, et que M. Bory a suivies en grande partie dans sa Monographie. »

Les personnes qui se donneront la peine de rechercher ce tableau dans les nombreux cahiers du Journal qui le contient, et qui voudront bien y ajouter la peine de nous lire, reconnaîtront que ce n'est pas six mois après M. D... que nous avons pu faire notre Monographie ; elle commence vers la dix-septième feuille d'un gros volume qui en contient près de 40, et qui parut en septembre 1825. Et comme l'impression de la fin de ce volume fut très retardée, il est manifeste que l'article Homme, ouvrage trop étendu pour avoir pu être écrit en quelques jours, était en grande partie livré à l'impression lorsque le journal parut. Il était encore temps de l'annoncer dans notre Monographie, et nous l'avons fait avec autant d'empressement que d'obligeance, par un alinéa de 25 lignes, qu'il nous restait tout juste le temps d'intercaler. Nous ne l'eussions certainement pas fait 15 jours plus tard.... Quoi qu'il en soit, le rédacteur anonyme de l'analyse insérée au bulletin, rappelle certaines opinions émises dans nos Essais sur les îles fortunées, comme pour insinuer que c'est une simple esquisse de M. D..., qui a donné l'idée du présent ouvrage. On voit pourtant dans celui-ci combien nos vues sont changées depuis la publication de notre premier essai. Nous avons nous-même fait de bonne foi justice de nos erreurs. Ce que nous disions il y a vingt-

cinq ans sur l'identité des Atlantes et des Tartares, nous paraît aujourd'hui complètement faux.
Nous prions le rédacteur anonyme, non *de l'observer*, comme il dit, mais de le faire observer,
comme on doit dire, à son modeste ami. Ce n'est
ni lui ni moi qui les premiers avons songé à établir plus d'une espèce dans le genre Homme.
Nous ne tenons au reste pas davantage à l'antériorité de nos idées sur le nombre de ces espèces,
que l'auteur du tableau ne paraît lui-même avoir
tenu à ce qu'il établissait dans cette *partie absolument neuve de son travail*, puisqu'on l'a vu à
son tour publier, quelques mois après l'apparition du volume de notre Dictionnaire où se trouve
l'article HOMME, ici reproduit, de nouveaux tableaux où le nombre des espèces humaines, celles du Nouveau-Monde étant éliminées, se trouvent augmentées pour l'ancien continent, avec
de grands changemens dans la nomenclature.
Nous croyons pouvoir nous dispenser de citer ici
les changemens introduits dans un livre où la
mobilité des vues de l'auteur fait supposer qu'il
pourra advenir encore des changemens, dont le
plus important devrait porter sur la Préface.

(8) Outre les ouvrages des naturalistes qui se

sont occupés de l'Homme zoologiquement, nous devons citer le tome 1er de la Géographie universelle (Paris, édit. de 1816) que M. Malte-Brun termine par des considérations sur la distribution des êtres organisés à la surface du globe, considérations du plus grand intérêt, qui dénotent une prodigieuse variété de connaissances, et qui sont encore aujourd'hui à la hauteur de la science. L'auteur se dispense d'examiner la question de l'unité ou de la pluralité des espèces. « Sans vouloir, dit-il, réfuter ou confirmer la doctrine orthodoxe, considérons les faits tels qu'ils se présentent ». D'après ces faits, nous devons convenir que si quelqu'un devait réclamer l'antériorité sur la distinction des espèces d'Hommes à-peu-près telle que nous l'établirons ici, ce serait M. Malte-Brun qui, sous la désignation de races, les aurait presque toutes caractérisées avant qui que ce soit ; et comme cette partie des ouvrages du savant géographe nous avait échappé, encore que nous lisions assidûment tout ce qui sort de sa plume, nous trouvons dans la coïncidence de nos idées une forte présomption en faveur de la solidité de nos opinions.

M. Malte-Brun distinguait déjà quatorze races, savoir :

1º La *race Polaire,* qui répond à notre espèce Hyperboréenne nº 6.

2º La *race Finnoise* du Nord et de l'Europe, qui n'est pour nous qu'un rameau de la suivante, moderne sans doute sur le globe, car ce n'est pas fort anciennement que la patrie que M. Malte-Brun lui attribue, faisait encore partie du domaine de l'Océan, et n'était habitée que par des Poissons.

3º La *Race Sclavonne,* qui répond exactement à la seconde variété de notre race Germanique de l'espèce Japétique nº 1.

4º La *race Gothico-germanique,* qui répond exactement à celle qui, dans le présent ouvrage, porte simplement le nom de Germanique.

5º Les *races Occidentales de l'Europe* qui sont nos Celtes.

6º Les *Races Grecques et Pélagiques* qui répondent à nos variétés Caucasique et Pélage de l'espèce Japétique nº 1.

7º La *race Arabe* qui est notre race Adamique de l'espèce Arabique nº 2.

8º La *race Tartare et Mongole,* que nous sé-

parons en espèce Scythique n° 4 , et Sinique
n° 5.

9° La *race Indienne*, qui forme notre espèce
Hindoue n° 3.

10° La *race Malaie*, que nous avons appelée
espèce Neptunienne n° 7.

11° La *race Noire de l'Océan pacifique*, où
l'auteur paraît confondre notre race Papoue de
l'espèce Neptunienne, et l'espèce que nous avons
appelée Mélanienne, n° 14.

12° La *race Basanée du Grand-Océan*, qui est
la seconde race ou Océanique de notre espèce
Neptunienne n° 7.

13° La *race Maure*, qui répond exactement
à la race Atlantique de notre espèce Arabique
n° 2.

14° La *race Nègre*, qui représente notre espèce
Ethiopienne n° 12.

15° Les *races de l'Afrique orientale*, où
M. Malte-Brun nous paraît confondre nos espèces Cafres n° 13 , et Hottentots n° 15, avec des
tribus Adamiques de l'espèce Arabique n° 2.

16° Les *races d'Amérique*, dont l'auteur paraît regarder toutes les indigènes comme formant une race à part, mais dont il distingue fort

bien des peuplades étrangères venues du nord de l'Europe, ou des parties de l'Asie opposée.

Si nous eussions connu plus tôt l'excellent chapitre de M. Malte-Brun, que nos lecteurs consulteront avec fruit, nous nous fussions épargné de bien longues recherches.

Le géographe Pinkerton, dans un ouvrage sur l'origine des Scythes, s'est aussi occupé d'une sorte de classification des races humaines de l'Europe et de l'Asie. Il en donne même un tableau linnéen, ce qui prouve que les tableaux dont les Hommes font le sujet, ne sont pas des choses *absolument neuves*, comme on l'a récemment imprimé (voy. note 7 du présent §), mais qui ne prouve pas que ces tableaux aient été fort bien faits jusqu'ici. L'ouvrage du géographe anglais est peu connu. Rempli de citations, la plupart du temps entassées sans discernement, pour prouver que les Scythes ou Goths furent le plus grand des peuples, l'auteur d'un livre récemment publié sur une fraction du genre humain, a pu sans danger y emprunter ce vernis d'érudition qui en impose encore au vulgaire des lecteurs. M. Pinkerton pense que l'Europe aurait été peuplée par six races primitives :

1° *Les Celtes*, pères des Islandais et des Welches, que Peloutier *le Celtomane*, pour honorer son pays, veut être pères des Scythes et de tous les Européens, comme premiers-nés du patriarche Japhet, fils de Noé.

2° Les *Ibériens*, originaires d'Afrique, ce qui rentre dans ce que nous avons établi au sujet des Aborigènes de la péninsule ibérique (*Résumé géographique*, sec. 11, chap. 1, p. 129); mais nous ne croyons pas avec Pinkerton, que les Basques et les Gascons soient plus des enfans sans mélange de ces Ibériens, que les Celtibères; ces derniers, selon nous, sont des métis de races Celtiques et Adamiques, tandis que les Basques sont un rameau pur de la première de ces races.

3° Les *Sclavons*, qui sont notre variété β de la race Germanique.

4° Les *Scythes,* qui seraient la souche de toutes les nations Germaines et Pélages, ce qui nous paraît être une des plus grandes erreurs historiques et géographiques qu'on ait jamais tenté d'introduire dans la science, à l'aide d'un fatras d'érudition auquel se laissent prendre les personnes pour qui les citations accumulées sont une autorité qui dispense d'examiner le fond des choses.

5° Les *Fins* ou *Finlandais*, qui ayant, dit l'auteur anglais, un langage particulier, sont aussi un peuple particulier, indigène. Un peuple, nous y consentons, mais une race, c'est ce que nous n'admettons point, par les raisons qui seront exposées au § V du présent ouvrage.

6° Les *Lapons*, qui sont voisins des Samoïèdes d'Asie, et d'une race partout riveraine des mers à glaces.

D'après ce qui précède, on trouverait encore, selon Pinkerton (*Origine des Scythes, part.* II, *chap.* IV, *p.* 228), le langage celtique en usage dans certains pays du Nord-Ouest ; le finlandais dans la patrie primitive et constante des Fins, l'ibérien en Biscaye, le sclavon dans l'antique Sarmatie, et le scythe diversement modifié dans le reste de l'Europe.

(9) Ce que nous avions prévu l'année dernière vient de se réaliser par l'apparition du premier cahier de la relation du voyage fait par MM. Durville et Lesson. L'ouvrage s'annonce de la manière la plus brillante. Le libraire Arthus Bertrand, éditeur, semble vouloir surpasser dans son exécution, les publications du même genre qui furent faites jusqu'ici. Il se tient, pour ce qui le concer-

ne, à la hauteur de MM. Garnot et Lesson, qui débutent par une introduction zoologique du plus grand intérêt, et d'autant mieux écrite que M. Lesson sut y éviter cette sécheresse qui rend rebutante la lecture de tant d'ouvrages d'histoire naturelle, autant que cette boursouflure verbeuse, que certaines personnes appellent aujourd'hui du style. Le tableau que nous transcrivons ci-contre donne le résumé des idées de Lesson au sujet de la population des innombrables îles de l'Océanie et de la Polynésie. Il rentre, à peu de chose près, dans ce que nous avions précédemment établi ; et nous ne saurions dissimuler quelle a été notre satisfaction en voyant des observateurs tels que les naturalistes de *la Coquille*, confirmer nos assertions. Nous devons faire remarquer au lecteur que le mot *Pélage,* employé par M. Lesson dans son tableau, n'indique nul rapport avec la race Pélage de notre espèce Japétique. Ce mot n'est mis ici que pour indiquer l'habitation pélagienne, c'est-à-dire maritime d'un rameau de notre espèce Scythique confondu avec un rameau de notre espèce Sinique, sous le nom de race Mongolique.

1re RACE HINDOU-CAUCASIQUE....	1° RAMEAU MALAIS...	Habite les archipels nombreux des Indes-Orientales, ou la Polynésie.
	2° RAMEAU OCÉANIEN.	Habite les îles innombrables et éparses comme au hasard au milieu de l'immense surface du Grand-Océan.
2e RACE MONGOLIQUE..	3° RAMEAU MONGOL-PÉLAGIEN OU CAROLIN.	Habite la longue suite des archipels des Carolines, depuis les Philippines jusqu'aux Mulgraves.
3e RACE NOIRE..	4° RAMEAU CAFRO-MADECASSE.....	Habite le littoral de la Nouvelle Guinée et des îles des Papous. 2 Variété *Tasmanienne*, habite la terre de Diemen.
	5° RAMEAU ALFOUROUS.	1° Variété *Endamène*, habite l'intérieur des grandes îles de la Polynésie et de la Nouvelle-Guinée. 2 Variété *Australienne*, habite le continent entier de la Nouvelle-Hollande.

Les détails lumineux donnés par M. Lesson sur les espèces, races et variétés d'Hommes comprises dans ce tableau, nous fourniront le sujet de quelques notes additionnelles dans le présent ouvrage, quand il y sera question de ce que nous appelons espèces Neptunienne n° 7, Australasienne n° 8, et Mélanienne n° 14.

§. III.

Espèces du genre Homme.

† LÉIOTRIQUES, A CHEVEUX LISSES. *

* *Propres à l'Ancien Continent.*

1. ESPÈCE JAPÉTIQUE, *Homo Japeti-, cus.* Ce n'est pas comme signifiant la lignée de Japhet, fils du patriarche Noé, que nous proposons le nom de Japétique pour cette première espèce du genre humain. C'est par allusion à l'*audax Japeti genus* * que par un assentiment général la docte antiquité appliquait aux Hommes des régions occidentales du monde connu. Cette

---

* Du grec λεῖος *lisse, uni*, et de θρίξ *che-veux.*

***Hor.*, od 5, *lib.* 1, *c.* 27.

espèce dont nous faisons partie, occupe un long espace qui s'étend du levant au couchant, depuis les rives occidentales et méridionales de la Caspienne jusqu'au cap Finistère, projeté dans l'Océan atlantique.

Sorties des chaînes montueuses qui se ramifient à peu près parallèlement au quarante-cinquième degré nord, quatre races principales se distinguent dans l'espèce Japétique qui est plus belle par les proportions de ses traits et de sa taille, et chez laquelle la tête équivaut environ au huitième de la hauteur totale; chez elle l'angle facial est le plus approchant de quatre-vingt-dix degrés, quand il n'a pas exactement cette ouverture, quoique les sculpteurs de l'antiquité l'aient porté dans quelques-uns de leurs chefs-d'œuvre à beaucoup plus. Chez elle encore le vertex est arrondi, la face noblement ovale, le front ouvert, le nez droit ou à peu près, les pommettes sont mollement adoucies, les sourcils plus ou moins arqués, régnant sur de grands yeux dont les paupières minces et moyennement longues sont garnies de cils assez fournis, plus allongés que dans la plupart des autres espèces, et tempérant la fierté du regard : la bouche est moyennement fendue; les lèvres dont la supérieure est un peu raccourcie et relevée vers un sillon perpendiculaire et mitoyen, sont agréablement colorées et jamais trop grosses; l'oreille est petite et appliquée; la barbe fournie même au menton. Les cheveux lisses, généralement fins, même soyeux, et souvent bouclés, varient du noir et du châtain foncé au blond presque blanc; un incarnat plus ou moins vif relève la blancheur de la peau, qui sujette à changer subitement de couleur, selon les impressions morales, rougit ou pâlit, trahit les passions, mais s'altère et prend plus ou moins la teinte rembrunie de l'espèce suivante, selon l'influence du climat; ce hâle qui n'est qu'un accident peut quelquefois disparaître dans les individus qu'il a le plus altérés, lorsque ceux-ci, s'étiolant en quelque sorte, se dérobent à la trop grande ardeur du soleil qui les brûla. Partout l'espèce Japétique conserve ou recouvre sa blancheur primitive, quand elle demeure à l'ombre.

Une cuisse amincie vers le genou qui est petit, un mollet fortement prononcé, la démarche assurée, les mamelles arrondies en demi globe chez la femme, et dont les mamelons rarement brunâtres et souvent roses, doivent répondre à la hauteur des aiselles, avec des poils passablement fournis en certaines parties, mais généralement un peu moins foncés que les cheveux, complètent les caractères physiques de l'espèce qui nous occupe. Les deux sexes y rougirent de bonne heure de leur nudité, et autant par un sentiment de pudeur que par nécessité, se couvrirent de divers vêtemens. Cette espèce est essentiellement monogame: la nubilité y apparaît de douze à seize ans, selon l'influence des températures, chez les individus femelles qui de même cessent de produire de trente-cinq à quarante-cinq ans. La puberté pour les mâles se développe de quinze à dix-sept ans, et la capacité fécondante se prolonge chez eux jusqu'à soixante ans et plus, quand ils ne se sont pas énervés au temps de leur jeunesse.

Toutes les nations provenues de l'espèce Japétique, eurent primitivement le polythéisme pour religion, avec des notions vagues sur l'immortalité de l'âme, et se sont soumises aux diverses modifications du christianisme; elles sont même, à proprement parler, les seules sur le globe qui, divisées en sectes, en aient généralement adopté la croyance. L'espèce est néanmoins la plus apte à la vie sociale avec tout le perfectionnement dont cette manière d'exister semble être susceptible. Douée de l'esprit de calcul et de

réflexion, au plus haut degré, c'est
chez elle qu'ont étincelé les plus grands
génies dont le genre humain se puisse
enorgueillir : animée de l'amour de la
patrie, du goût des hautes sciences,
du sentiment des beaux-arts, indus-
trieuse, courageuse, guerrière au besoin, il ne lui manquerait, pour arri-
ver au dernier terme de bonheur où
l'Homme puisse prétendre, que des
institutions dignes d'elle, mais que
trop d'intérêts puissans et de corruption dans les mœurs rendent presque
impossibles à conquérir désormais.
Partout, sur l'Ancien Continent, son
heureux naturel a succombé contre
les efforts de la superstition invétérée
et du despotisme ; malgré le développement de sa raison, elle est incessam-
ment dominée par l'influence des siè-

cles de barbarie durant lesquels la civilisation s'y composa ; servant elle-même d'instrument à ses oppresseurs :

Des enfans de Japet toujours une moitié
Fournira des armes à l'autre.

En passant les mers, elle semble cependant s'affranchir jusqu'à un certain point des entraves qui l'accablèrent aux lieux de son berceau. C'est elle qui a fondé l'empire britannique, et de glorieuses républiques dans le Nouveau-Monde.

* *Gens Togata* (1). Races où de tout temps on porta des vêtemens larges; où les mœurs ont généralement subordonné les Femmes aux Hommes, jusqu'à les rendre esclaves; où la tête devient par l'effet de l'âge, le plus souvent chauve vers le front.

1° *Race Caucasique* (ORIENTALE). Les Femmes y sont remarquables par la fraîcheur et l'éclatante blancheur de leur teint; leur peau est merveilleusement unie; leur bouche très petite; leurs sourcils sont si minces, qu'on dirait, au rapport de Struys, un filet de soie recourbé; elles ont les cheveux ordinairement du plus beau noir, fins, luisans, et merveilleusement bouclés; le nez presque droit; la figure parfaitement ovale; la gorge surtout admirable; et le port majestueux, mais bientôt altéré par l'excessif embonpoint auquel elles sont sujettes. Ce sont ces Mingreliennes, ces Circassiennes, ces Géorgiennes, dont la beauté est si célèbre dans tout l'Orient, et qui ornent les harems des Mahométans, depuis le centre de l'Asie, jusque dans le royaume de Maroc. Les Hommes n'y sont pas moins beaux : leur taille moyenne est de cinq pieds quatre pouces, leur tempérament sanguin et flegmatique. Peuplant de toute antiquité les chaînes du Caucase, entre l'Euxin et la Caspienne, cette race se propagea le long des côtes en demi-arc, que borde cette dernière mer vers le sud-ouest, et se retrouve encore dans quelques vallées des sources de l'Euphrate. C'est en s'alliant perpétuellement à son sang que les Turcs, les Persans et les Hindoux du Cachemire sont devenus des races magnifiques d'espèces moins belles ; car l'usage d'acheter un grand nombre d'esclaves attrayantes, pour en faire des femmes légitimes ou des concubines, existant de tout temps chez les peuples qui ont de-

puis l'ère moderne adopté le mahométisme, le sang Caucasique a pénétré
jusqu'aux sources de l'Indus, et chez
diverses hordes Tartares de la Bucha-
rie, où les Hommes s'étonnent eux-
mêmes de ne plus être aussi hideux
que leurs compatriotes.

Ceux de la race Caucasique ont naturellement de l'esprit, et seraient capables des sciences et des arts; mais
leur mauvaise éducation les rend très
ignorans et très vicieux. Dans nulle
contrée au monde, l'ivrognerie et le
libertinage ne sont portés à un si haut
point qu'en Géorgie. Chardin ajoute
que des gens d'église s'y enivrent habituellement, et qu'ils tiennent chez
eux de fort belles esclaves pour leurs
plaisirs. Le préfet des Capucins disait
à ce voyageur, que, selon le *Catholicos*

(patriarche de la province), « celui qui ne s'enivre pas entièrement aux grandes fêtes, notamment à Pâques et Noël, ne saurait passer pour Chrétien, et doit être excommunié ». Quoi qu'il en soit, la race Caucasique est loin de s'être étendue, comme on le croit généralement, par les armes; les monts qui la recèlent n'ont jamais émis de ces torrens de guerriers qui détruisirent ou fondèrent de grands empires; si elle a modifié par de nombreuses alliances les peuples voisins, de tels triomphes ne furent pas ceux de la guerre, mais de l'amour; elle dut sa principale renommée à d'antiques et respectables traditions. L'arche abordant sur l'Ararat, désigne peut-être l'époque où quelque sauveur d'une autre race submergée, plus instruite, vint tirer la race Caucasique de l'état sauvage. C'est probablement à elle que le reste des Hommes doit l'art de cultiver la vigne; ce que semble indiquer l'histoire de l'agriculteur Noé, qui aurait répandu cet art dans les plaines de la Mésopotamie. (2)

2° *Race Pélage* (*MÉRIDIONALE*). Non moins que la précédente, remarquable par la beauté des individus dont elle se composait originairement : elle tire son nom de celui d'un fils d'Inachus, que des historiens de l'antiquité disent avoir été le père des Pélages (3). La tête du Jupiter-Olympien, l'Apollon du Belvéder, et la Vénus de Médicis, donnent une idée exacte des traits qui la devaient caractériser. Le teint cependant, quoique toujours blanc, y brille de moins d'incarnat que dans la race Cau-

casique, et des nuances légères le rembrunissent par fois : la taille moyenne
y étant de cinq pieds trois pouces environ, la tête y paraît être encore plus
petite par rapport au corps; elle est
garnie de cheveux fins, bruns, châtains,
rarement blonds, plus remarquables
encore par leur extrême longueur, qui
va quelquefois jusqu'aux talons, que
par leur excessive quantité; le pied
est encore un peu plus grand, et la
jambe un peu moins fine du bas, que
ne le comportent les proportions qui
font la beauté des Européens modernes. L'ovale de la figure est un peu plus
allongé et aminci vers le bas, que dans
les Caucasiques; le nez est parfaitement
droit, et dérivant du front, sans qu'on
y remarque la moindre dépression à la
hauteur des yeux; ceux-ci se trouvent

légèrement rapprochés et enfoncés sous l'arcade sourcilière, laquelle ne décrit point une courbe apparente, mais se couronne d'un sourcil transversalement droit et non arqué, comme celui des Circassiennes; ces yeux sont les plus grands, et même tellement grands et gros, que les poètes les ont parfois comparés, chez leurs divinités fabuleuses, à ceux du Bœuf.

Beaucoup de femmes Grecques, et quelques dames Romaines de nos jours, conservent encore le genre de beauté antique que mille alliances de peuplades et croisemens partiels ont fait généralement disparaître de l'Archipel, de la Turquie d'Europe, de l'Italie et de la Sicile, que peuplèrent primitivement ces Pélages, dont le tempérament est toujours sanguin et bilieux. Aborigènes des monts de la Grèce (4) et des monts Apennins ; un peu différens dans ces deux régions, ils ne s'étendirent guère au-delà du Pô et du Danube, tant qu'ils ne furent pas devenus conquérans et citoyens de l'empire romain. Attachés à leur sol, abhorrant l'eau où ils croyaient que leur âme immortelle se noyait cependant avec le corps, les moindres expéditions maritimes leur semblaient d'immenses travaux. Les Argonautes, Hercule, Ulysse, s'illustrèrent chez eux par des voyages qu'une petite maîtresse Anglaise regarderait aujourd'hui comme des promenades. Ayant, par reconnaissance, fait leurs dieux des Hommes qui les policèrent, des poètes qui chantèrent ces dieux héroïques, devinrent leurs premiers historiens, en perfectionnant le langage que fixa l'écriture apportée par les Phéniciens, d'espèce Arabique ; premier mélange utile à la civilisation pour la race Pélage, qui devint dès-lors la plus distinguée de toutes, sous les rapports de l'intelligence.

A leurs langages riches, exacts, variés, sonores, et qui fécondaient merveilleusement la pensée, les diverses variétés de la race Pélage durent bientôt la généralisation des idées philosophiques que leurs sages allaient d'abord puiser aux rives du Nil, et du Gange. On connaît assez l'histoire des républiques et des empires qu'ils fondèrent. Le seul Julien entrevit les causes de leur chute ; mais il n'était plus temps d'y porter remède ; au temps de ce sage empereur, les Pélages n'étaient plus des Grecs ou des Romains ; le sang de toutes sortes de barbares et des Arabes juifs circulait pour plus de moitié dans leurs veines.

L'agriculture doit à cette race qui, de tout temps, s'est adonnée à ses pratiques, l'introduction des céréales évidemment perfectionnées en Sicile, et transportées au loin par Triptolème (5). Elle lui doit également la culture de l'olivier, dont le feuillage ornant les autels de Minerve, nous serait une preuve que c'est de l'Attique que vient l'usage de l'huile (6). C'est elle encore qui paraît la première avoir assoupli le naturel farouche du Taureau, pour en faire le Bœuf (7); mais elle a reçu le Cheval et l'Ane du Scythe et de l'Arabe, ainsi qu'on le verra lorsqu'il sera question de notre seconde espèce du genre humain.

** *GENS BRACATA*. Races dont certains vêtemens étroits sont aujourd'hui adoptés par toutes les variétés; où les mœurs ont subordonné, souvent jusqu'à la faiblesse, les Hommes aux Femmes; où la tête devient avec l'âge, plus communément chauve sur le vertex.

3° *Race Celtique* (*OCCIDENTALE*). Une taille un peu plus élevée que dans les deux races précédentes, et dont la moyenne est cinq pieds cinq pouces; des cheveux moins longs, mais considérablement fournis, châtain - foncés, ou bruns, assez fins, et que chez nos ancêtres on laissait croître en véritable crinière; le front plus ou moins bombé sur les côtés, mais fuyant avec une certaine grâce vers les tempes; le nez non rectiligne, distingué du front par

une dépression plus ou moins mar-
quée entre les yeux, lesquels sont
moins grands et moins gros que chez
les Caucasiques et les Pélages, et généralement noirs ou bruns, quelquefois
gris; la barbe fournie, un peu rigide;
la peau tant soit peu moins belle, et
souvent frappée d'une pâleur jaunâtre; la bouche moyenne; le tempérament bilieux et lymphatique; le corps
et les membres bien proportionnés,
robustes, plus velus que chez tous les
autres Hommes sans exception, certaines femmes y ayant même du poil
jusqu'entre la gorge et l'ombilic; les
mollets très forts, le bas de la jambé
fin, le pied proportionnellement petit (8); tels sont les caractères de cette
race dont le berceau, séparé par les
vallées du Rhône et du Rhin, de ceux

des Pélages et des Germains, s'étendit
en descendant par la Garonne, la Loire
et la Seine, le long des rives occidentales de l'Europe; elle y devint probablement navigatrice, puisqu'elle pénétra dans les Iles Britanniques, vers le
Nord; dans l'Espagne, qui probablement alors faisait partie de la terre
Africaine, vers le Sud; et peut-être
même jusqu'en Amérique, où elle aurait apporté à l'espèce Colombique
l'usage des sacrifices humains et l'anthropophagie; car les Celtes furent anthropophages, et lorsqu'ils cessèrent
de l'être, leurs Druides, perpétuant
la mémoire de leurs primitifs et horri-
bles festins, immolèrent des Hommes
sur les autels d'impitoyables dieux
dont la soif de sang dura plus long-
temps que chez leurs brutaux adora-

teurs. Nos pères ont vu dans les bûchers de l'inquisition renaître cet atroce penchant.

Toutes les peuplades de la rive gauche du Rhin furent originairement Celtiques, et loin qu'elles y soient venues par l'Orient, on vit au contraire des peuplades Gauloises déborder à diverses reprises vers l'Orient même. Les Pélages apprirent à les redouter, et Rome se souvint long-temps de Brennus, l'Attila de l'Occident. L'épée fut de tout temps leur arme accoutumée. Elles poussèrent jusque dans l'Asie-Mineure, où le nom de Galatie, imposé à l'une des provinces les plus reculées de cette région, perpétua long-temps le souvenir de leurs migrations ; mais, comme par un reflux que nous avons vu se reproduire de nos jours, les hordes grossières que les Gaulois avaient vaincues et forcées dans leurs sauvages repaires, descendirent à leur tour sur les traces des conquérans, et le nombre triomphant du courage, les Gaulois furent accablés.

Du flux et du reflux de tant de peuplades, qui traînaient avec elles des prisonniers de tout sexe, faits sur plusieurs races des diverses espèces du genre humain, dut résulter un mélange de sang qui, confondant de plus en plus en Europe les caractères de chacune des espèces mêlées, produisit ces variétés individuelles dont se compose aujourd'hui la population occidentale, où les traits des types, perpétués les uns à travers les autres, reparaissent çà et là sur nos visages, mais s'y fondent insensiblement.

C'est ainsi que, par la confusion
des Germains poussés par les Scythes,
des Scythes arrivant sur les pas des
Germains, des Grecs, quand ils transportèrent leurs Phocides sur nos côtes
méditerranéennes, des Pélages romains
qui, sous le commandement de César,
vengèrent le Capitole, insulté au temps
de Camille; des Arabes enfin, qui se
mêlèrent par leur sang au nôtre seulement sous le glaive de Charles-Martel;
c'est ainsi, disons-nous, que les Celtes et
les Gaulois sont devenus les modernes
Français, dont les Francs du moyen
âge n'ont pas été la souche, comme
ceux qui se disent les descendans en
droite ligne de cette sorte de barbares ont la prétention de le faire ac-
croire (9). Leur vivacité, leur incon-
stance, l'impétuosité de leur courage

sans persévérance, une vanité souvent
puérile, une incroyable mobilité d'i-
dées, et cette légèreté que leur reproche un peuple voisin, sont les traits
qui restent aux Français du Celte primitif (10). Un penchant aux superstitions
qui les entraîna trop souvent aux plus
déplorables fureurs, un goût exquis
et sûr en matière d'arts, la presque
totalité d'un langage nouveau et de
leur législation, avec la gracieuse beauté de leurs femmes, leur viennent des
Pélages de l'Italie et de Phocide. Cette
raison qui, tempérant le tumulte de
leur imagination, les rendit aptes aux
sciences de calcul, en les préparant à
la discipline; mais des institutions féo-
dales, de fausses idées de point d'honneur, l'usage des duels et le penchant
à l'intempérance, sont les choses qu'ils

doivent aux races Germaines. Quelques nez aquilins, des teints basanés, de l'exaltation, les idées chevaleresques qu'ils rapportèrent des croisades, leur galanterie souvent excessive, surtout un certain laisser-aller vers la servilité décorée du nom de fidélité envers celui qui sait les réduire, en même temps que de jactantieuses prétentions à des airs d'indépendance, sont leurs traits Arabiques, mais encore exagérés, comme le prouve l'espèce de frénésie avec laquelle on a vu naguère Paris applaudir à cette pensée aussi fausse par le fond que par la manière dont elle est exprimée.

L'air de la servitude *est mortel* aux Français.

Les Français vivent, et l'air de la servitude qui ne les tua en aucun temps leur paraît être, au contraire, un élément indispensable d'existence : il sera dans leur esprit de n'en pas convenir ; mais le fait n'en demeurera pas moins une vérité historique matériellement démontrée depuis le ministère du cardinal de Richelieu principalement.

Quant au génie poétique et philosophique qui brille chez la race Celte du plus vif éclat, les grands hommes de l'antiquité le lui ont légué ; on n'en trouve aucune trace chez elle avant l'époque où les écrits des Grecs et des Romains vinrent, dès le moyen âge, et surtout au temps de la renaissance des lettres, favoriser les plus heureux penchans. De tant d'héritages, il est résulté comme une race nouvelle dont le caractère se forme de contrastes, les mœurs d'inconséquences, l'extérieur de traits variés qui ne présentent plus de physionomie propre; et l'on pourrait dire que les Celtes ont disparu du globe, si quelques Highlandais des îles Écossaises, les Gallois de l'Angleterre, les Bas-Bretons de l'extrême Armorique, les insulaires de Belle-Isle et les Basques des Pyrénées centrales n'en offraient quelques rejetons assez reconnaissables.

Race Germanique (BORÉALE). La plus grande entre les races de l'espèce Japétique : la taille moyenne y est de cinq pieds six à sept pouces ; c'est chez elle qu'on voit assez souvent des hommes de deux mètres de hauteur. D'un tempérament flegmatique et lymphatique, mous dans leurs tissus, les Germains sont replets, et deviennent la plupart fort gros : encore qu'ils ne soient guère sanguins, ils ont souvent le teint animé, et le fond de ce teint est d'une blancheur éblouissante quand il n'est pas blafard. Leur face est arrondie, leurs yeux sont communément bleus, leurs dents très souvent mauvaises, leurs chevéux très fins, presque plats et par grosses mèches de longueur moyenne, blonds-dorés, ou jaunes, et blanchissant fort tard ; bien proportionnés ; brutalement braves ; forts, taciturnes, supportant patiemment les plus grandes fatigues, la douleur même de mauvais traitemens ; passionnés pour les liqueurs fermentées, on en fait d'assez bons soldats-machines avec un bâton et du rhum ou de l'eau-de vie (11). Les femmes dont la taille est la plus élevée entre toutes les autres, y sont principalement

remarquables par l'éclat de leur carna-
tion, et l'ampleur des formes qui sem-
blentêtre le modèle que s'était proposé
uniquement le peintre Rubens, quand
il représentait des Juives et des Romaines avec des traits flamands; la plupart
répandent une odeur qu'il est difficile
de qualifier, mais qui rappelle celle de la
chair des animaux fraîchement dépe-
cés; elles sont rarement nubiles avant
seize à dix-sept ans, passent pour avoir
certaines voies fort larges, accouchent
conséquemment avec plus de facilité
que les femmes de la race Celtique, et
n'ont en général que peu de ce qui,
chez ces dernières, garnit en abondance
certaines parties du corps que doivent
cacher les ajustemens.

Deux variétés principales se reconnaissent dans la race Germanique.

« *Variété Teutone ;* sortie des forêts d'Hercynie, des Alpes Tyroliennes, et des sources de la Sale, celle-ci se compose des premiers et vrais Teutons, dont le langage dur et plus verbeux que riche, est devenu la racine de l'anglais, du hollandais, du danois et du suédois. Elle prit, après la chute de l'empire romain, le nom d'Allemande, parce que la contrée que nous nommons aujourd'hui Souabe (12), et qui paraît être son principal point de départ, se trouvant sur le passage de tant d'Hommes d'espèces, de races, de variétés diverses, qui se pressant les uns les autres, accouraient à la curée de la cité des Césars devenue la capitale d'une nouvelle religion, fut appelée *Allemanie ; d'alle* qui signifie tout, et de *Mann,* homme, comme pour in-

diquer que chaque peuple connu y
avait laissé des traces de son passage.

En suivant le Danube qui prenait
naissance dans leur pays, ils ne s'a-
vancèrent guère vers l'orient que jusqu'en Autriche, et ne passèrent pas
les Alpes au Midi : car alors on consi-
dérait dans l'établissement des domi-
nations les barrières naturelles, et
l'on n'ignorait pas que les Gaulois qui,
franchissant les Alpes, peuplèrent le
bassin du Pô, avaient bientôt perdu
leur caractère propre, pour se con-
vertir en Italiens. Mais ils s'élevèrent
vers le Nord dédaigné du reste des
Hommes d'espèce Japétique, comme en
se laissant aller à la pente des eaux;
ils parvinrent dans cette direction aux
rives de la mer, d'abord entre l'Elbe et
le Rhin ; ce sont eux qui, sous le nom

de Cimbres, occupèrent la presqu'île du Jutland et les îles voisines nouvellement sorties des ondes; qui pénétrant jusque dans la Scandinavie, **y** devinrent ces Suénones appelés depuis Goths, et qui d'abord passaient chez les Romains pour être environnés par l'Océan (13). En cotoyant la Baltique jusqu'à l'embouchure du Niémen à mesure que cette mer se rétrécissait, en s'établissant le long du fleuve, ils furent la souche des Borusses, pères de ces Prussiens qui se sont maintenant comme effacés au milieu des Sclavons dans un royaume de Prusse entièrement artificiel; appelés Saxons, Danois et Normands, ils ravagèrent les côtes Celtiques, s'établirent à l'embouchure de la Seine, et passant à diverses reprises dans les Iles-Britanniques, y repoussèrent dans les angles occidentaux du pays, des Celtes habitans primitifs (14); plus tard sous la domination des Norwégiens, l'Islande, vers le cercle polaire arctique, a été peuplée par des hommes de la variété Teutone.

Variété Sclavone. Cette seconde variété Germanique se compose d'Hommes venus probablement des monts Krapacks, d'où par les versans méridionaux ils peuplèrent la Hongrie, passèrent le Danube, et poussèrent jusqu'à l'Adriatique. Par le Nord, et suivant le cours marécageux de la Vistule et du Niémen, ils devinrent de proche en proche ces Polonais qui proviennent des anciens Sarmates (15), Lithuaniens , Courlandais et Russiens. Descendant vers la mer Noire avec le Dniester, ils

se mêlèrent à des bandes Tartares arri-
vées des régions Scythiques, au point
que s'étant identifiés avec elles, une
sorte de race mixte en résulta ; celle-ci,
usurpant le nom de Scythe, s'est illus-
trée dans l'histoire par des incursions
sur la Perse d'un côté, et sur l'empire
romain de l'autre. Les Cosaques sont
les descendans de ces Hybrides.

La variété Sclavone, par l'Ouest, pénétra encore dans le bassin supérieur
de l'Elbe, où, sous le nom de Bohême,
elle fonda comme un petit empire isolé, qui subsiste encore au milieu de
la variété Teutone. Les Bohêmes, ou
Bohémiens, d'abord appelés Marco-
mans, conservèrent long-temps le naturel vagabond de leurs pères : ce sont
eux principalement qu'on vit, il y a
quelques siècles encore, errer à la sur-

face de l'Europe, en y commettant toute sorte de brigandage dont on conserve le souvenir jusque dans certaines campagnes des parties les plus occidentales de la Celtique.

Nous ne devons pas négliger de faire remarquer, au sujet de la race Germanique, que ce sont précisément les hordes qui en sortirent pour s'épancher, comme on vient de le voir, du Midi vers le Septentrion, qui, nées sous les mêmes parallèles, et souvent plus au Sud que les Hommes de races Occidentales, sont, depuis mille ans, appelées habituellement, par nos historiens, *les peuples du Nord*. De ce que les Teutons, les Sclavons et quelques Scythiques qui s'y étaient mêlés, réellement orientaux pour nos ancêtres, furent septentrionaux seulement pour l'Italie qu'ils venaient désoler, sont dérivés d'innombrables contre-sens en histoire ainsi qu'en géographie; contre-sens propagés par les plus célèbres écrivains modernes, sur l'autorité de cet exagérateur Jornandes, qui nomma *Officia gentium*, une région médiocrement populeuse au temps où on suppose qu'elle le fut davantage, et dans laquelle les Hommes étaient, au contraire, venus du Midi (16). Un ouvrage intitulé la Scandinavie vengée, a fort bien réfuté les faussetés dont l'historien Goth fut la source, et dont Montesquieu fut l'un des principaux propagateurs.

____

(1) Quelques personnes ont imaginé que, par les deux sous-divisions *Gens togata* et *Gens bra-cata*, nous avions entendu établir des différen-

ces caractéristiques naturelles. En y réfléchissant mieux, elles verront qu'il n'y est question que de différences qui tiennent à l'origine de la civilisation de races qui, pour appartenir à la même espèce, n'en ont pas moins pu se créer des usages et des mœurs à des époques fort distinctes; et sans avoir eu la moindre communication lorsqu'elles commencèrent à sortir de l'état de brutes pour s'élever, par la civilisation, à la dignité d'Hommes.

(2) Cet art venait peut-être d'un climat encore plus oriental. Il ne pénétra que tard chez les Pélages grecs, et y vint évidemment d'Asie, comme l'indique le passage suivant, extrait du Résumé de la géographie de la Turquie d'Europe (*chez le libraire Dupont, p.* 48). « Soit que la vigne en Grèce, ainsi que sur les rives septentrionales de la Méditerranée, provienne du sol même où on la rencontre à l'état sauvage, soit que les Hommes de la race caucasienne l'y aient introduite, elle prospère dans ces contrées plus généralement qu'ailleurs. Sur la péninsule ibérique, nous l'avons vue languir dans le versant septentrional ; en France, elle ne réussit pas sur les pentes exposées au Nord ; en Allemagne,

peu de vallées, qu'éclaire le soleil bienfaisant du Midi, en voient mûrir les fruits; en Italie, le bassin du Pô ne lui paraît pas également favorable sur toute son étendue; mais en Grèce il n'est pas de côteau qui ne lui soit propre. Les versans de l'Adriatique, ceux de la mer Égée et les îles de l'Archipel, les versans même du Danube, produisent des vins délicieux; aussi nulle part le culte de Bacchus ne fut plus en honneur. Ce dieu eut des temples jusque dans la Thrace, où les anciens trouvaient que le climat se montrait déjà sévère. Mais Bacchus y arriva sur un char traîné par des Tigres, animaux asiatiques; Silène son père nourricier, précédait le cortège sur un animal d'origine arabique; les bacchantes, sorte de bayadères couronnées de pampre, dansaient autour de son char. Une telle marche triomphale n'indique-t-elle pas que la culture de la vigne arriva dans la Grèce par des peuples qui lui étaient orientaux?

(3) Ce sont Éphore, Apollodore et Denys d'Halicarnasse, qui nous donnent le fils d'un roi d'Argos comme le patron d'un très grand peuple regardé comme originaire du Péloponèse. Il est question de ce Pélage dans un vers d'Hésiode cité

par Strabon ; on n'en sait pas davantage sur son histoire. Cependant le savant Fréret a démontré que les Pélages étaient également originaires de la Thrace, et l'on en a conclu que le royaume d'Inachus, le premier et vrai royaume d'Argos, avait été situé en Thessalie, chose qui nous paraît être fort peu importante à savoir. On a dit encore que le prince Pélage n'était pas fils d'Inachus, qu'il n'avait même jamais existé, et que son nom était le résultat d'une erreur de mots qui venait de ce qu'Inachus était arrivé par mer pour régner chez les Grecs, dans la langue desquels πελαγος signifie mer. Nous ne voyons là rien que de très possible ; mais ce qui ne nous paraît pas aussi probable, c'est l'opinion de Pinkerton lorsqu'il veut que les Pélages fussent des Scythes. Cet auteur donne pour preuve de son assertion, que πελαγιζειν veut dire *inonder*. Or les Scythes, ayant inondé la Grèce, durent s'appeler Pélages. Il valait mieux, selon nous, pour soutenir une telle opinion, emprunter le témoignage d'Hérodote, s'il est vrai, ce que nous ne nous rappelons pas, qu'il ait jamais dit que les Pélages parlaient le langage des Scythes.

Un tel fait, Hérodote l'affirmât-il réellement,

ne nous en paraîtrait pas moins douteux. Sau-
maise, Casaubon, avec tous les commentateurs
anciens et les auteurs modernes qui ont prétendu
débrouiller l'histoire du genre humain par celle
des dialectes, auront beau affirmer que le gothique et le grec sont la même langue, on ne nous
fera jamais croire que des Hellènes et des Scan-
dinaves soient les mêmes hommes. Vouloir que
les Pélages fussent Scythes, parce que Deucalion
était fils de Prométhée, roi de Scythie, est encore une de ces puérilités qu'on doit laisser en-
fouies chez le scoliaste Apollodore, qui eût été
fort embarrassé de dire où il l'avait appris. Ce
que nous sommes bien certain d'avoir lu dans
Hérodote, c'est que les Ioniens et les Athéniens
étaient Pélages ; que les Hellènes n'étaient ni
Egyptiens ni Phéniciens, qu'ils avaient bien reçu
dans leur pays des colonies envoyées par les Phéniciens et les Egyptiens, mais que les colons,
conduits à Thèbes par Cadmus lorsque celui-ci
y vint apporter l'écriture, furent obligés de
changer de langage, parce qu'entourés d'Ioniens
qui étaient aussi Pélages ils ne pouvaient pas
s'entendre avec les naturels (*lib.*v , *cap.* 58) ;
nous nous rappelons également avoir lu dans

Pausanias, que les Arcadiens étaient encore des Pélages, et que, par suite de leur position centrale, ils passaient pour les moins mélangés de tous les Grecs ; ce qui ne prouve pas, comme l'imaginait Pinkerton, que les Arcadiens fussent demeurés Scythes.

(4) Les anciens Grecs tenaient beaucoup à ce titre d'Aborigènes ; et le philosophe Antisthène, qui soutenait aux Athéniens qu'une telle prétention était digne des Limaçons et non des Hommes, ne donnait aucune bonne raison pour prouver à ses compatriotes qu'ils eussent tort. Les peuples de l'Italie se prétendaient aussi Aborigènes, c'est-à-dire enfans de la terre même qu'ils habitaient. Fréret soutient que ces aborigènes d'Italie étaient aussi bien des Pélages que les Grecs. Ce savant se défiait du sentiment de Denys d'Halicarnasse, qui, afin de prouver la différence d'origine des deux peuples, parle des guerres qu'ils se firent pour l'occupation du pays. Denys d'Halicarnasse écrivait peu avant la naissance de Jésus-Christ, c'est-à-dire bien long-temps après ces prétendues guerres, qui ne prouveraient rien contre l'identité de races, puisque nous voyons tous les jours des rois très proches parens, faire tuer leurs

sujets les uns par les autres, pour les plus légers motifs. D'ailleurs, Quintilien a fort judicieusement observé que la langue latine était dérivée du dialecte grec éolien. Des monumens irrécusables établissent en outre que les Etrusques étaient aussi de race Pélage. Et pourquoi n'y aurait-il pas eu des Hommes aborigènes semblables sur le mont Rodhope et sur les monts Apennins, puisque des individus absolument pareils de l'*Helix Algira* se trouvent aux environs de Constantinople et autour de Naples, sans que nécessairement les uns soient les arrière-petits-enfans des autres.

(5) On a pensé, avons-nous dit dans notre Dictionnaire classique (t. 1, p. 122, au mot ÆGILOPS) que l'*Ægilops ovata* graminée du midi de l'Europe, qui couvre certains champs de la Sicile, était la plante sauvage d'où provint le blé cultivé; qu'à force d'en semer la graine, cette graine a fini par se changer en céréale, et que la tradition mythologique qui fait de la vallée d'Etna et de l'antique Trinacrie le berceau de l'agriculture, empire de Cérès, eut la métamorphose de l'*Ægilops* pour fondement. Nous avons traité cette opinion avec légèreté dans nos Essais sur les

Iles Fortunées ; cependant le professeur Latapie de Bordeaux, qui la soutint, et qui, voyageant autrefois en Sicile avec M. de Secondat, crut trouver dans le pays même des motifs pour l'adopter, nous a réitéré l'assurance, depuis la publication de notre premier ouvrage, qu'il avait cultivé lui-même soigneusement, graine à graine, et dans des pots qu'on ne perdait jamais de vue, la plante dont il est question ; il ajoutait qu'ayant eu soin de resemer une à une, et toujours séparément, les graines qui provenaient de divers semis, plusieurs fois de suite, il n'avait pas tardé à voir la plante s'allonger, changer de *facies*, et même de caractères génériques. Un tel fait, attesté par un savant respecté de tous ceux qui l'ont connu, mérite un examen sérieux ; et nous engageons les amateurs d'agriculture, de physiologie végétale et de botanique, à répéter les expériences du professeur Latapie.

Nous avons réitéré ce vœu dans l'*Encyclopédie moderne* de M. Courtin (t. 1, p. 297), et nous revenons aujourd'hui sur ce point avec d'autant plus d'instances, que M. Raspail, le premier de nos agrostographes, et juge sans appel dans la branche difficile de la botanique qui traite des graminées, penche, nous a-t-on dit, pour la possibilité de la métamorphose de l'*Ægilops ovata* en froment.

(6) L'olivier paraît être par excellence l'arbre indigène de certaines parties de la Grèce, de cette Attique particulièrement, l'une des contrées les plus anciennement célèbres chez la race Pélage; en tous lieux il y croît sans culture. « C'est aux bois plantés par la main de l'Homme, avec les rejetons sauvages de ce végétal précieux, est-il dit dans le *Résumé géographique de la Grèce* (p. 45 et p. 30), que son domaine doit cette couleur grisâtre et argentée qui frappe le voyageur lorsqu'il aborde dans ces contrées dont l'huile forme la principale richesse. — C'est là que Minerve choisit sa pâle verdure comme le symbole de la paix; et de là peut-être sa culture, et l'usage du suc onctueux qu'on extrait de ses fruits amers, se répandirent dans le reste du bassin de la Méditerranée. En effet, l'huile doit avoir été d'origine étrangère dans la Palestine, par exemple, où il fallait qu'on la regardât comme une chose bien précieuse, puisqu'elle y fut une offrande digne du Dieu de ces Juifs qui, les premiers en oignirent le front des rois, pen-

sant donner à ceux-ci un caractère plus sacré, lorsqu'ils dérobaient sur l'autel, pour la cérémonie du couronnement, l'huile qui ne cessait d'y brûler. »

(7) Le culte d'Apis en Egypte, et le respect religieux dont on honora la Vache chez les Brames, sont des preuves que la domesticité du Taureau ne commença ni sur les bords du Nil ni sur ceux du Gange. Partout où l'on trouve des cérémonies protectrices, destinées à placer une plante ou quelque bête sous l'égide de la Divinité, on peut conclure que de telles créatures ont été importées, et que c'est pour empêcher leur destruction, qu'on les associe en quelque sorte aux prérogatives de l'autel. Les peuples des premiers temps de l'état social eussent certainement élevé des temples à la Pomme de terre, ou eussent sanctifié ce tubercule par quelque mélange de son histoire avec celle des dieux ; mais ils en usaient avec moins de précaution pour les productions naturelles à leur propre sol, dont ils ne craignaient pas de perdre l'usage. Aussi les Pélages tuaient-ils et mangeaient-ils ces Bœufs indigènes qui labouraient leur terre ; parce que cette terre européenne en produisait

naturellement de tout temps, tandis qu'il fut nécessaire, dans les contrées où de tels animaux
n'étaient pas authoctones, de veiller à leur conservation lorsqu'on les y introduisit. C'est par la
même raison que nous avons, au mot CANARD
dans l'Encyclopédie moderne de M. Courtin (t. v,
p. 559), expliqué l'introduction des Oies sacrées
au Capitole.

(8) Latour d'Auvergne, dans son savant ouvrage intitulé *Origines gauloises*, imprimé à
Hambourg en 1801, indique encore comme
distinction spéciale de la race Celtique primitive, l'extrême épaisseur du crâne, ce qui se
vérifie encore chez les Bas-Bretons, et dont
l'auteur fournit plusieurs preuves.

(9) Nous doutons, avec Pinkerton, que ces
Francs aient même jamais formé un peuple véritable, encore qu'il soit possible que le nom de
France soit dérivé du leur. Ils étaient sur les
deux rives du Rhin un ramas d'hommes de race
Germanique, mais de diverses nations, qui s'é-
taient soustraits à la domination romaine, et qui
vivant violemment de rapines, au milieu de
leurs anciens maîtres, s'appelaient entre eux
Francs, pour désigner qu'il avaient su *s'affran*-

chir ; ils devinrent assez nombreux pour inonder, dès l'an 260, la Gaule Septentrionale, et
même la Bretagne ; alors seulement on commença à faire attention à leur puissance naissante.

(10) Silius Italicus appelle *vaniloquum Celtæ
genus,* ces premiers Celtes qui, lorsque chez les
Germains, les moindres paysans étaient libres,
formaient un peuple asservi « où tous, dit César
(*Bell. gall., lib.* VI), à l'exception des druides
et des nobles (*equites*), étaient esclaves ». Aris-
tote (*Polit., lib.* II, *cap.* 2) nous apprend qu'ils
étaient la seule nation qui méprisât les femmes ;
mais ils avaient des espèces de sorcières sacrées.
Strabon rapporte (*lib.* III, *p.* 164) qu'ils conservaient l'urine et la faisaient aigrir dans des ci-
ternes, pour lui donner plus de force, afin de
s'en servir pour se laver le corps et se nettoyer
les dents. Il est clair, d'après de telles coutumes,
que nous eûmes dans les Celtes des aïeux qui ne
valaient guère mieux que les Hottentots actuels,
lesquels se décrassent aussi avec du pissat. Et ce
sont ces Celtes ignorans, féroces, brutaux, malpropres, superstitieux, que le mystificateur
Macferson a donnés, dans un livre in-4° impri-

mé à Londres, en 1772, comme les hommes les plus sages, les plus policés et les meilleurs de l'antique Europe !.... Tous les monumens qui nous restent d'eux attestent leur grossièreté, et prouvent combien ces sauvages étaient encore en arrière de ceux de la mer du Sud et de la Polynésie, avant que les Phéniciens leur eussent porté d'Orient quelques notions des arts, et que les Romains eussent soumis ceux d'entre ces misérables dont ils ne purgèrent pas les forêts.

(11) On a contesté ce fait en nous en reprochant l'énoncé, au moins comme une assertion dure. Nous étant, avant tout, imposé la recherche de la vérité dans cet ouvrage, nous la devions dire, quelque déplaisante qu'elle pût être à certains lecteurs. Nous ne flattons pas les uns pour exalter les autres, comme on a pu le voir lorsqu'il a été question de nos compatriotes (p. 127). L'impartialité est notre unique règle, et pour justifier ici ce que certaines personnes n'ont pas trouvé poli pour les Hommes de race Germanique, nous pourrions citer les discours de plusieurs membres du parlement d'Angleterre, qui, lorsqu'il a été question d'abolir l'usage du bâton et du fouet, employés dans

l'armée britannique , ont prononcé de beaux discours pour prouver que les soldats des trois royaumes ne pouvaient se discipliner sans de pareils véhicules. C'est un point dont les officiers anglais conviennent unanimement, et ils le démontrent tous les jours en faisant rouer de coups pour la moindre négligence dans le service , ceux qu'ils appellent « enfans , camarades , héros, défenseurs de la gloire nationale » , lorsqu'il est question d'attaquer une redoute.

Nous devons surtout nous étayer de l'opinion d'un grand homme qui s'y connaissait, et qui dit à l'un des citoyens les plus respectables de l'empire britannique. « Vos soldats n'ont pas les qualités nécessaires pour une nation militaire ; ils n'égalent les Français ni en activité ni en intelligence. Du moment qu'ils n'ont plus peur des verges , ils n'obéissent à personne.... Ces soldats sont braves : nul ne le peut nier ; mais on ne peut en venir à bout dans une retraite : s'ils trouvent du vin ce sont autant de diables.... J'ai été témoin de celle de Moore, et je n'ai rien vu de semblable ; il était impossible de les rallier ni d'en rien faire ; presque tous étaient ivres. (M. O'Méara , *Recueil de Sainte-Hélène , t.* x , *p.* 197 *).* Quant aux Autrichiens, également de race Germanique, le même héros les appelait (*p.* 408) *una nazione a colpo di bastone.* Nous pourrions encore transcrire les pages 224 et 225 du mémorable recueil où de si hautes vérités sont entassées ; nous nous bornons à les indiquer aux personnes qui voudraient avoir l'avis de Napoléon sur la phrase qu'on a trouvée mal sonnante dans notre article Homme.

(12) Au temps des Romains, les peuplades de cette contrée se nommaient *Suèves*, et Tacite (*Mœurs des Germains*, xxxviii) remarque déjà que ces Suèves ne sont pas un peuple unique, mais un composé de nations diverses, qui ont chacune leur nom en particulier et qui sont en outre désignées sous un nom collectif.

(13) Si l'on jette les yeux sur les meilleures cartes où cette vaste étendue de pays plat qui règne depuis la mer du Nord jusqu'aux monts Ourals dans la partie mitoyenne de l'Europe se trouve représentée, on verra qu'il est impossible que les migrations des Hommes de race Germanique aient pu avoir lieu autrement. Nous avons parcouru en tout sens cette région dont nous croyons avoir donné une idée assez exacte dans le passage

suivant de l'article MARAIS au tome x de notre Dictionnaire d'histoire classique naturelle (p. 157 et suiv.).

« Les régions riveraines du nord de l'Europe depuis Calais jusqu'au golfe de Finlande dans la Baltique, doivent être considérées comme un seul et vaste marais qui s'étend dans la direction du Sud-Ouest au Nord-Est, dans l'espace de près de 30 degrés de longitude ; les hauteurs calcaires de la Belgique, du cap Grinès à Maestricht, sur la gauche de la Meuse ; celles qui, de la rive opposée, par Fauquemont, Roldhuc, Stolberg, Duren et Born, s'étendent jusqu'à la droite du Rhin, pour se ramifier dans la Westphalie, en se liant ensuite au Hartz et aux monts de la Saxe, fixent les côtes primitives de l'ancienne mer du Nord, qui, plus récemment qu'on ne le croit, couvrait encore ce qu'on nomme à juste titre les Pays-Bas, la totalité du pays d'Oldenbourg, du Hanovre et du Danemarck ; le Meklenbourg, la totalité des Marches-Brandebourgeoises, les Poméranies, tout le bassin de la Vistule et du Niémen. Il suffit d'avoir visité ces lieux pour être convaincu de cette vérité ; et l'on retrouve aisément jusqu'à la série non interrompue des dunes qui bordaient le rivage d'alors. La surface de ces contrées est basse et marécageuse ; ce n'est qu'à force de canaux et de saignées que les Hommes sont parvenus à les rendre cultivables. Ils n'y ont pas réussi partout, et à de grandes distances de côtes, artificiellement construites à grands frais, ils ne sont pas toujours à l'abri des retours d'un élément qui semble vouloir reprendre l'étendue dont il s'est laissé déposséder. Des lacs sans nombre y demeurent comme monument de l'ancien règne de Neptune ; et comme ils se touchent presque les uns les autres, et s'anastomosent par de petits cours d'eau, depuis la Baltique jusqu'à la mer Blanche, on reconnaît que ces deux mers furent naguère unies. La Scandinavie était alors une île, et les changemens récens qui ont eu lieu dans toutes ces régions, expliquent des points de géographie historique qui sont demeurés très obscurs jusqu'à ce jour, où des savans, totalement étrangers à la géographie physique, ont cherché à retrouver le berceau de peuplades germaines connues par les Romains dans un temps où l'Allemagne était de moitié plus étroite qu'elle ne l'est maintenant, sur l'Allemagne actuelle, qui ne ressemble pas du tout à l'antique Germanie. Peu avant cette époque, cette même mer du Nord, qui environnait la Suède et la Norwège, communiquait à l'Euxin et à la Caspienne. En effet, de Pétersbourg jusqu'à la mer d'Azof et à Astracan, on voyage toujours par un pays tellement plat, qu'excepté dans les lieux défrichés et en divers cantons légèrement anfractueux, on ne sort pas d'un marais qu'on est obligé, la plupart du temps, afin de ne pas s'y perdre, de couvrir de gros troncs d'arbres qui forment une sorte de route pontée. Il en est de même des sources de la Narew et du Boug, affluens de la Vistule, et de celles du Boristhène, qui tombe dans la mer Noire ; ces sources se confondent dans des marais sans fin, pour couler cependant vers des mers opposées. Les troupes de deux grands conquérans firent la triste expérience des difficultés que présente encore un tel pays demeuré presque en litige entre la terre et les eaux. Des marais semblables se prolongent jusqu'en Sibérie, où Patrin nous apprend qu'ils sont infects et impénétrables. On trouve bien, dans l'étendue de ces marais, quelques monts dont les racines sont plus marécageuses encore, parce que les cours d'eau descendus des rochers les viennent délayer ; mais ces monts furent des îles quand les fanges qu'ils dominent, appartenaient au fond des mers. »

La Germanie de Tacite n'était pas encore la vaste contrée Allemande où nous la cherchons aujourd'hui; elle se composait des terres hautes que le Rhin sépare des régions celtiques, et le Danube des pentes des Hautes-Alpes. C'est ce qu'établit fort bien l'historien romain quand il distingue le pays germain de celui des Gaules, des Daces et des Sarmates. Il le dit s'étendre du Rhin à la Vistule jusqu'aux monts qui séparent aujourd'hui la Hongrie de la Pologne en y comprenant les îles de la Baltique, dont le Jutland était du nombre, ainsi que la Scandinavie, et il ajoute qu'on y adorait Isis sous la figure d'un vaisseau.

Strabon ne doute pas davantage que la Scandinavie ne fût une grande île; et si nul de ces anciens auteurs qui savaient bien qu'elle avait été peuplée par une race Germaine navigatrice, ne parla des Goths, c'est que le nom de Goths n'existait pas alors. Ce nom ne fut introduit que bien plus tard, et lorsque toutes les peuplades descendues du Midi, qui s'étaient aguerries vers le Nord, ayant, par les guerres que les Romains faisaient à leurs consanguins du Sud, eu connaissance de climats plus doux, voulurent aussi avoir leur part à la curée du grand empire.

Les Suénones, Germains d'origine, s'embarquèrent donc, comme les Suédois leurs enfans l'ont fait depuis avec Gustave Adolphe et Charles XII. Ils ne furent pas toujours heureux dans leurs premières expéditions, où quelques-unes de leurs hordes, désignées sous le nom de Gètes, se laissèrent faire tant de prisonniers, que ce nom de Gète ou Géta devint synonyme d'esclave dans la comédie grecque. C'est du personnage ainsi appelé, adopté chez les Latins, qu'on a fait chez nous, quand le théâtre antique était l'unique modèle de nos maîtres, ces valets intrigans, familiers et corrupteurs, dont le modèle n'est plus dans la société actuelle. Ce n'est que vers 250 ans après J.-C. qu'il commence à être question des Goths, lesquels, ayant pris leur revanche, se firent une réputation belliqueuse. De cette réputation dérive leur nom nouveau, puisque la racine de ce nom est, selon Torfœus, *Get* et *Got*, qui anciennement signifiaient un soldat.

Gibbon remarque, avec pleine raison, qu'à

dater de cette époque, les Grecs ne cessent d'appeler Scythes ceux que les Romains appelaient Goths. Pour les Grecs, toute peuplade guerrière venue de la rive gauche du Danube ou du nord de l'Euxin, était Scythe. On peut concevoir les causes d'une telle opinion chez des hommes qui n'avaient aucune idée exacte de la géographie des régions cimériennes ; mais que des modernes, qui peuvent parcourir ces régions maintenant si peuplées, ou qui ont la facilité de consulter les belles cartes de Le-Coc et de Gily, soient à cet égard tombés dans les erreurs des Grecs, c'est ce que nous avons peine à comprendre. Les Scythes et les Goths ne purent avoir aucun rapport d'origine : les uns sont Européens, les autres Asiatiques ; et les Hommes des deux parties de l'Ancien Continent boréal ne purent guère se connaître que lorsque la Russie et la Pologne étant sorties des eaux, l'union de la mer Noire et de l'Océan Arctique ne mit plus d'obstacle au mélange ; et cette modification géographique des lieux est bien moins ancienne qu'on se l'imagine communément.

(14) En effet, la Grande-Bretagne renfermait, dès l'époque où les Romains la connurent, di-

verses races d'Hommes ; il y avait pénétré jusqu'à des Ibères, évidemment d'origine atlantique, qui, sous le nom de Silures, occupaient le midi de la province de Galles. Ces Silures conservaient leurs cheveux crépus et le teint olivâtre de ces Africains, que nous appelons aujourd'hui Maures. Tacite, dans la Vie d'Agricola, nous dit « qu'à leurs cheveux roux ainsi qu'à leur *habitus*, on reconnaissait chez les Calédoniens, une origine germanique .. Ceux des Bretons qui sont voisins des Gaules, ajoute-t-il, ressemblent aux Gaulois, et en viennent probablement. Leur langage, leur religion et leurs superstitions sont les mêmes ; même audace quand il faut défier, même timidité lorsqu'il faut combattre. »

(15) Hérodote distingue fort bien les Sarmates des Scythes. Ce père de l'histoire dit (*lib.* iv, *cap.* 57) : « Vers le nord du Tanaïs se trouvent, non des Scythes, mais des Sarmates ». Il est vrai que Strabon, dans sa description de l'Asie, dit que les Sarmates sont une nation scythique (*lib.* vii, *p.* 352) ; mais c'est une erreur où cet excellent géographe a été entraîné par Euphore, auteur inexact, qui semblait se plaire à contredire Hérodote, et dont Sénèque a dit que, peu

consciencieux dans ses assertions, il se trompa souvent. Procope a donné dans la même faute que Strabon ; mais le témoignage de cet historien d'un temps d'ignorance ne tient pas contre celui de Méla , de Pline et de Ptolémée , qui ont aussi parlé des Scythes comme très distincts des Sarmates. Ce qui a pu entraîner quelques écrivains dans l'idée de l'identité des deux peuples , et faire attribuer aux Polonais-Sclavons une origine asiatique , c'est qu'au temps de Tacite ils s'habillaient largement , à la manière des Orientaux , tandis que les vêtemens des Germains étaient serrés.

(16) Ce Jornandes est un historien de race Gothique , qui écrivait en 530 , et qui , selon la coutume des érudits , voulut illustrer ses ancêtres aux dépens de la vérité. Confondant les Scythes et les Goths , il les fait également sortir de la Scandinavie , pour aller conquérir l'Asie , l'Egypte et les rives du Pont-Euxin. Si l'on en croit cet exagérateur , tous les peuples leur ont été soumis ou en sont sortis ; et ce sont de telles traditions , dépourvues de preuve suffisante , qui ont servi de base à beaucoup de livres qu'on admire aujourd'hui , sans réfléchir que , si on

remontait aux sources, il n'en resterait peut-
être pas une assertion qui ne fût une erreur.
L'étude bien entendue de la géographie physique, en devenant le vrai fondement de l'histoire,
doit renverser immanquablement tous les bril-
lans paradoxes par lesquels divers auteurs ont
usurpé de si grandes réputations. Au nombre de
ces réputations usurpées est celle des Goths eux-
mêmes, si fort célébrés par Pinkerton et par
les historiens espagnols. Les Goths s'étaient ac-
quis une telle renommée chez les derniers,
qu'un Castillan ne se regarde pas comme noble
s'il ne descend d'une famille gode. Un tel travers est analogue à celui des gentillâtres d'entre le Rhin et les Pyrénées, qui ne veulent pas
être Gaulois et qui se disent Francs. Pour les
Goths et autres peuples germains dont l'amour-
propre à cet égard était mieux entendu, ils voulaient, comme les Pélages de Grèce et d'Italie,
être aborigènes ou fils de leur terre. Tacite,
qui ne doute pas que cette opinion ne soit fondée,
rapporte « qu'ils célébraient un dieu et Mannus
son fils, sortis de la terre ». *Mannus* n'est bien
évidemment que le mot *mann*, qui signifie Homme, allongé d'une terminaison latine. La Ble-

terie, dans une note, trouve qu'un peuple « ne pouvait être assez stupide pour faire sortir son dieu de la terre comme un champignon ». Mais les Grecs, qu'on n'a jamais traités de stupides, ne faisaient-ils pas sortir la plus belle de leurs divinités de l'écume de la mer; et n'est-il pas incontestable que le vrai Dieu a daigné sortir, comme un enfant ordinaire, de l'utérus d'une fille qui n'en est pas moins demeurée vierge? La Bleterie a donc grand tort de plaisanter sur des choses d'autant plus délicates, qu'il n'est guère de points dans les fausses religions, où les incrédules ne puissent trouver des traits frappans de ressemblance avec la seule qui soit réelle aujourd'hui.

II. Espèce Arabique. *Homo Arabicus.* Le tempérament bilieux et sanguin domine dans cette espèce, où les Hommes sont communément de la plus haute taille, tandis que les Femmes y sont, au contraire, les plus petites de toutes. Cette disproportion est un caractère aussi singulier que constant.

Les traits primitifs qu'on retrouve encore chez la plupart des Arabes actuels, consistent dans un visage ovale, mais fort allongé aux deux extrémités, de sorte que le menton y est assez pointu par en-bas, tandis que le front, très vaste, se prolonge vers un sommet considérablement élevé. Cette conformation particulière du haut de la tête rendrait raison, si l'on adoptait certaines idées du docteur Gall, de cette exaltation religieuse, de ce penchant au fanatisme qui semblent faire la base du caractère moral de l'espèce qui nous occupe. Ce front paraît d'autant plus grand chez les Arabes d'un âge mur, que c'est par-là qu'ils deviennent assez promptement chauves, et jamais, ou très rarement, par l'endroit qu'en Europe on nomme vulgairement la tonsure. Le nez est prononcé, **un peu mince, généralement pointu et aquilin**; les os qui le soutiennent, y causant toujours, par le milieu de la longueur, une bosse qui n'est pas sans agrément, et surtout sans noblesse. Les yeux presque toujours noirs, ou d'un brun-foncé, sont grands, mais non pas gros, comme dans la race Pélage de l'espèce Japétique. Par leurs dimensions, et à cause de leur expression de douceur, on les compare quelquefois poétiquement, chez les dames, à ceux des Gazelles. Les sourcils arqués sont assez épais; les lèvres sont minces, et la bouche est agréable. La tête paraît sensiblement plus forte qu'elle ne l'est chez l'espèce précédente. Le corps et les membres sont bien pro-portionnés, généralement peu chargés d'embonpoint; et néanmoins, dans les Femmes qui sont naturellement déli-cates et sveltes, quand, de race pure, le sang Circassien ne s'est point mêlé au leur, les fesses, et surtout la gorge ont une certaine tendance à devenir aussi considérables que chez les Ger-maines de la variété Teutonique; le contraste du volume de ces parties, avec la finesse des autres, se remarque encore fréquemment chez les Espa-gnoles, particulièrement dans les royau-mes d'Andalousie et de Valence, où les Arabes ont laissé tant de traces de leur séjour. Leurs cheveux noirs unis, ne bouclant que rarement, et un peu gros, deviennent excessivement longs, quand ils ne sont pas coupés ; les Femmes, particulièrement, les portent tressés en nattes, qui descendent jusqu'aux chevilles. Ces Femmes sont nubiles de très bonne heure ; quelquefois dès l'âge de neuf ans ; jamais plus tard que douze ou treize : aussi perdent-elles assez promptement la faculté d'engendrer, tandis que les Hommes la conservent jusque dans un âge avancé. De ce contraste naquit la polygamie, tellement répandue chez toutes les nations ou tribus Arabiques, qu'on la doit regarder plutôt comme une nécessité spécifique, que comme la conséquence d'ordonnances religieuses (1). Les Femmes, qui d'ailleurs accouchent avec facilité, sont sujettes à certaines défectuosités qui commandent une sorte de circoncision, consistant dans la soustraction des nymphes. Cette opération n'a nul rapport avec celle qu'on fait subir, sans exception, à tous les mâles de l'espèce, comme pour les singulariser au milieu du genre humain : on a cherché la cause de cette circoncision des mâles dans un motif de propreté ; une telle explication ne saurait être admise : dans cette vue, les lotions d'eau ordonnées par les lois eussent été plus efficaces que l'application d'un instrument tranchant.

La coutume fondamentale de la circoncision vient de ces temps effacés, où les Arabes qui n'avaient jamais adoré qu'un seul Dieu, sans mélange d'aucune superstition, enorgueillis de la supériorité de leur dogme sublime, et craignant de se confondre avec les idolâtres auxquels leurs invasions ou leur négoce les mêlaient de tous côtés, imaginèrent d'adopter une marque indélébile qui les rendît en quelque sorte des Hommes à part, et ils appliquèrent cette marque à la partie même par où les Hommes se perpétuent. C'est à cette circoncision, adoptée par le mahométisme, et transmise partout où nous voyons dominer cette forme de religion, que l'Arabe doit la conservation du caractère moral qui lui assure pour long-temps encore la conservation presque intacte de ses caractères physiquement spécifiques.

En étendant leur domination par des conquêtes; en pénétrant dans presque toutes les parties de l'Ancien-Monde, pour y trafiquer; en se faisant particulièrement marchands d'esclaves, et mêlant, par le genre d'échange qui résulte d'un tel commerce, des Hommes qui ne s'étaient jamais connus, et qu'ils allaient chercher aux lieux les plus éloignés de la terre ; en transportant, dès les temps reculés, des Ethiopiens chez les Caucasiques, chez les Scythes ou chez les Hindoux, et des Hindoux, des Scythes et des Caucasiques, chez les Ethiopiens ; les Arabes, premiers courtiers de traite, qui réservaient parfois pour leur usage les plus belles de leurs captives, sont demeurés cependant jusqu'à ce jour, ce qu'ils furent originairement. Leur type l'a emporté dans tous les accouplemens, et chaque race à laquelle ils se sont unis, contrainte à la circoncision, comme retranchée par cette opération du reste de son espèce, s'est bientôt trouvée totalement empreinte du cachet arabique. Nulle mauvaise odeur ne leur est particulière ; celle qu'on attribue aux Juifs qui appartiennent à cette espèce, tient ou à la malpropreté de ceux-ci, ou bien au préjugé qui fait qu'en tous lieux on accable de mépris ces rejetons du peuple de Dieu.

Dans l'espèce Arabique, la peau est généralement douce, fine, unie et basanée, souvent même très foncée, mais jamais noire. Si les tribus les plus méridionales, ou errantes dans les déserts brûlans de l'Afrique, se rembrunissent par l'effet des ardeurs du soleil, celles qui habitent les lieux élevés et les fraîches vallées des montagnes y deviennent au contraire presque blanches (2). Le hâle et l'étiolement produisent sur elles le même effet que sur tous les autres Hommes ; de tels accidens altèrent leur teinte, mais ne la changent pas.

Les Arabes ont l'esprit ouvert, de l'aptitude aux sciences, de la finesse, des vertus hospitalières; mais ils sont essentiellement avares et cupides, même dans la vie pastorale : de là ce penchant dominant pour un genre de brigandage, où la duplicité et l'adresse concourent avec la violence, et qui leur est propre; ils sont scrupuleux observateurs de la parole donnée, tant qu'ils traitent entre eux, mais ils ne se croient guère obligés de garder leur promesse envers les étrangers. On dirait que cette foi punique d'une colonie phénicienne, qui vint au temps de Didon fonder une ville célèbre aux pieds de l'Atlas, était un tribut payé au sol africain. Leur antipathie pour

tout ce qui n'est pas eux, est fonda-
mentalement consacrée par la religion
même; et soit qu'au temps des patriarches, cette religion fût simple et dégagée de superstitions, soit que depuis
Mahomet elle ait été altérée par des
additions ridicules, le principe que
tous les Hommes incirconcis sont infi-
dèles, et conséquemment abominables, semble être le plus profondément inculqué dans l'esprit de l'Arabe.
Indépendant et vagabond, il se plie
cependant à la servitude, et devient
facilement sédentaire sous un despotisme absolu, où tout acte de tyrannie
est réputé légitime quand il émane du
maître. Entreprenant et courageux, le
cimeterre fut de bonne heure son arme de prédilection; ses moindres actions sont empreintes d'orgueil, et ce-

pendant on le dirait sans cesse prêt à ramper devant la maîtresse qu'il aime, ou devant le maître qu'il craint. L'exaltation de ses idées se peint dans son langage emphatique, rempli de poésie et d'images, mais trop empreint des mouvemens d'un génie désordonné. Tandis que le Polythéisme prit naissance chez l'espèce Japétique, et s'y est en quelque sorte perpétué, en dépit du Christianisme, dans le culte des saints d'invention humaine, la révélation, ainsi que la croyance en un seul Dieu, furent les dogmes primitifs de l'espèce Arabique (3). Sans détester les liqueurs fortes, les Hommes dé cette espèce n'en ont jamais fait leurs délices ; ils sont fort sobres sur ce point, et l'article du Coran, qui proscrit ces liqueurs, ne leur a point imposé une grande privation.

Deux races principales nous paraissent former l'espèce Arabique.

1° *Race Atlantique* (OCCIDENTALE). Son nom, célèbre dès la plus haute antiquité, retentissait encore parmi les prêtres de Saïs, quand les philosophes grecs venaient étudier en Egypte les préceptes de la sagesse : il paraît que, vers l'origine de la civilisation Pélagienne, la race Atlantique, déjà instruite et civilisée, avait étendu ses conquêtes sur les rivages de la Méditerranée, les plus éloignés des lieux qui la virent naître. Originaire des chaînes que l'on suppose aujourd'hui avoir été le véritable Atlas, elle se répandit, quand le détroit de Gades n'existait point encore, dans la péninsule Ibérique, que nous avons ailleurs démontré avoir été un prolongement de ces montagnes *. Elle peupla aussi l'archipel des Canaries, qui ne faisait peut-être alors qu'une seule île, lacérée depuis par de violentes commotions volcaniques.

Soit par l'effort des révolutions physiques qui déchirèrent la contrée où fut son berceau, soit par l'effet du temps destructeur des souvenirs, les grands monumens que les Atlantes durent construire ne sont pas arrivés jusqu'à nous, comme ceux de l'Egypte; mais les Guanches de Ténériffe, chez qui nous avons ailleurs reconnu leurs descendans les moins altérés **,

---

* *Guide du Voyageur en Espagne*, chap. 1, p. 226 ; et *Résumé géographique de la péninsule Ibérique*, sect. II, chap. 1, p. 117 et suiv.

** *Essais sur les Iles Fortunées*, chap. VIII.

conservèrent plusieurs de leurs usages; on a prétendu qu'ils surent construire de petites pyramides, dont les
conquérans ont détruit jusqu'au moindre vestige *. Ils professaient un
grand respect pour le reste des morts;
et préparaient des momies, dont on
trouve encore aujourd'hui quelques
grottes abondamment remplies **.
Ces vénérables débris font connaître
que les Hommes des îles Fortunées,
qui n'étaient point Ethiopiens et qui
n'avaient pas le nez plat comme on l'a
avancé, offraient les caractères de l'espèce Arabique. Leur peau était olivâtre; on trouve cependant qu'ils devaient être un peu moins foncés en

* *Abreu Galuido, chap.* v, *dans un manuscrit cité par Viéra y Clavijo.*
** *Essais sur les Iles Fortunées, p. 61 et suiv.*

couleur que leurs frères des régions plus méridionales, et que, parmi eux, certains individus avaient les cheveux très fins, tirant sur le châtain-clair et même le blond.

Les pasteurs dont les diverses tribus errent dans les parties occidentales de l'Afrique, au grand désert de Sahara, le long de l'Océan et du cap Blanc, aux confins de l'empire de Maroc; ces antiques familles presque blanches, qui mènent encore dans beaucoup de vallées des montagnes de la Barbarie, la vie patriarchale; les habitans du Bélad-el-Dgérid; ces anciens Numides, aujourd'hui devenus les hordes qui promènent leurs troupeaux jusqu'aux confins de la Basse-Egypte, dans le désert de Barca, les Fezzaniens ; en un mot, tous les Maures qui sont un peu moins grands

et moins foncés que les autres Arabes,
dont le nez est plus arrondi, et qui
remplissent encore les Alpuxaras d'Espagne, représentent les débris de la
race Atlantique, maintenant comme
fondue par le mélange des Phéniciens,
des Grecs, des Romains, des Vandales,
des Goths, des Normands, des Arabes
de la race suivante, et des Turcs même
dont le gouvernement les domine. Ce
qui reste des Maures, Atlantes dégé-
nérés, est pirate et trafiquant, quand
la vie nomade de pasteur n'en confine
pas les familles dans quelque solitude.
Quoique le désert et la Méditerranée
en tiennent le plus grand nombre
comme emprisonné au pays des Dat-
tes, où ce fruit et le laitage forment le
fond de la nourriture des Maures, on
en retrouve d'égarés par le commerce

jusque dans les îles de l'Inde, où probablement leurs ancêtres répandirent lē palmier précieux qui, des revers méridionaux de l'Atlas, se trouve maintenant transporté dans toutes les parties chaudes des deux continens. (4)

2° *Race Adamique* (ORIENTALE). Notre opinion sur l'origine de cette race, et le nom sous lequel nous proposons de la désigner, paraîtront au premier coup-d'œil en contradiction avec toutes les idées admises, ce qui n'est pas une raison pour qu'on rejette l'un et l'autre sans examen. L'évidence est là; et comme le respect que réclament les religions qui, par mal entendu, semblent nous enseigner autre chose que ce qui fut réellement, n'en saurait être ébranlé; quand il sera prouvé qu'au fond, nos idées confirment les témoignages de la révélation même, force sera aux esprits prévenus de se ranger à notre avis. Nous n'entrerons, pour le moment, dans aucune discussion trop approfondie, le cadre de cet ouvrage n'en comportant pas; il suffira de rapporter simplement les faits d'où la vérité doit jaillir.

Le pays très montueux, entrecoupé de plaines et de rochers majestueusement suspendus, où se voient encore d'impénétrables forêts, d'où naît celle des branches du Nil, qu'on regarda si long-temps comme la véritable source de ce doyen des fleuves, qu'infestent des hordes de Galas et de Sangalas, mais où domine le peuple Abyssinien, est le point de départ de la race dont nous allons esquisser l'histoire. D'abondantes eaux y fertilisent un sol prodigue de verdure et de fruits, peuplé d'animaux de tous genres, abondant en élémens de bonheur et de prospérités, mais que la barbarie opiniâtre et féroce de ses habitans condamne à l'abandon. Quand les Autochtones y furent devenus nombreux, et qu'encore trop incivilisés ils ne savaient pas se soustraire aux ravages causés, dans la saison des pluies, par de véritables déluges annuels, ils en descendirent avec les torrens et les rivières, entassés dans d'informes arches flottantes, portant leurs troupeaux et leurs autres animaux domestiques ; rendus dans les plaines du Sennaar, ils crurent y être échappés à quelque cataclysme universel (5). C'est là qu'ils s'exercèrent dans l'art de bâtir, qui, se perfectionnant le premier chez eux, devait par la suite enfanter les temples de Thèbes, et les pyramides de Gizeh. Une civilisation naissante ayant facilité leur multiplication, et le grand vallon, devenu leur lieu d'asile, ne suffisant plus pour en contenir les familles pressées, ils durent se disperser, non sans laisser quelque monument d'un long séjour, et sans que déjà les diverses tribus dans lesquelles ils s'étaient répartis se fussent formé des dialectes.

Les uns, passant le Nil blanc, demeurèrent Africains; en se jetant vers l'Ouest, où leurs enfans s'unirent à des Éthiopiens, pour former des tribus du sang mêlé, ils se sont établis dans le Daarfour, le Bournou, et le Soudan, qui est le bassin du Niger (6). Les autres, marchands ou voleurs, selon les circonstances, passant la Mer Rouge au lieu où nous la voyons se rétrécir, vers le détroit de Babel-Mandel, se firent Asiatiques, et dans la partie arabe du continent dont ils ont pris le nom, ou bien auquel ils ont donné le leur, sans cesse errans, ils s'étendirent de déserts en déserts jusqu'aux extrémités du Golfe Persique, ainsi qu'aux bords de l'Euphrate, de l'Oronte et du Jourdain (7). Une troisième famille, adonnée à l'agriculture, s'attachant à la vallée du Nil, s'avançant à mesure que les alluvions de ce fleuve paternel envahissaient la Méditerranée, devinrent les Egyptiens si célèbres dans l'histoire primitive. (8)

Les Hébreux, tribu Arabe des bords méridionaux de la Mer Rouge qui n'avait pas dépassé de si bonne heure

les cataractes, poussés par quelques-
unes de ces famines dont leur terre
inculte devait souvent être affligée, pénétrèrent plus tard vers le Delta, où
les attira sans doute un de leurs compatriotes qui, d'esclave, était devenu
le puissant favori du Pharaon de
l'époque. Mais ces Hébreux multipliés
sur le sol fertile de Gessen, ayant par
leur avarice inspiré dans la suite beaucoup de haine aux anciens habitans
du pays, furent persécutés : ils voulurent fuir et retourner dans leur patrie, sous la conduite d'un chef regardé comme leur législateur ; c'est
vers le Midi conséquemment qu'ils
s'acheminèrent ; mais obligés de se
jeter sur la gauche pour éviter les
poursuites du maître auquel ils voulaient échapper, leur guide fut obligé

de traverser un bras de cette mer, au sud de laquelle il aspirait, et qu'il avait prétendu cotoyer; les fuyards se trouvèrent alors égarés dans un pays totalement inconnu : ils y errèrent long-temps, toujours dans l'espoir de remonter vers l'Abyssinie, où se voit encore un peuple d'Hébreux, provenu de ceux qui ne s'étaient point enfoncés en Egypte au temps de Jacob. (9)

Si la horde qui prétendait regagner le point de son départ fût originairement sortie de la terre de Chanaan, comme elle l'a prétendu depuis, pour légitimer ses usurpations, elle n'eût pas dû errer quarante ans dans un coin de l'Arabie Pétrée, et descendre entre les cornes de la Mer Rouge pour y parvenir. De Gessen, au lieu où l'on dit que reposait la cendre de Rachel, on n'a guère plus loin que de Bordeaux à Bayonne, et l'on ne met au plus que quatre jours, pour aller à l'aise et à pied, de l'une de ces villes à l'autre, à travers des landes qui ressemblent assez aux solitudes de l'Arabie. Le chef des Hébreux dépaysés. mourut sans avoir renoncé à ses desseins, mais sans avoir pu les accomplir. Ceux qui lui succédèrent, désespérant de gagner jamais une contrée dont personne ne savait plus la route, se firent leur terre promise de la première terre habitable qui s'offrait à leur avidité. Ce fut la pierreuse Palestine qu'ils s'approprièrent par une guerre d'extermination, et comme du lieu d'où ils seraient primitivement sortis. Ils y devinrent ces Juifs superstitieux et persécuteurs, maintenant persécutés à leur tour, réprouvés, étrangers partout, comme si, pour ceux dont le Dieu poursuivait les crimes jusque dans les enfans, le sang des Chananéens criait encore vengeance.

Ces Juifs, ainsi que le reste de l'espèce Arabique, ont conservé par la révélation la croyance d'un Dieu éternel, unique, et n'ont jamais souffert que cette respectable unité fût altérée dans leurs livres sacrés par des superstitions fractionnaires venues de l'Inde. Dispersés à la surface du monde, ils y sont demeurés, quant aux mœurs, ce qu'ils furent en Judée, lorsque leur ingratitude et leur absurde opiniâtreté contraignirent le plus doux des hommes, le meilleur des empereurs, à les effacer de la liste des nations; mais, de même que les autres Arabes, et en dé-

pit de la sauvagerie de leurs préjugés,
ils ont pris des femmes dans toutes les
races : aussi, moins semblables à leurs
pères par la physionomie, que le sont
demeurés leurs frères de l'Afrique, un
Juif allemand, par exemple, ne doit
guère ressembler aujourd'hui à ce patriarche Abraham, d'où la lignée d'Israël tire sa première illustration. Ce
déplacement de la nation Juive est ce
qui jeta sur la géographie sacrée tant
d'obscurité, quand on chercha le jardin d'Eden et le berceau d'Adam en
Mésopotamie, avec une plaine de Sennaar, de laquelle on n'y entendit jamais parler; transportant ainsi des
noms de lieux d'Abyssinie aux sources
de l'Euphrate et du Tigre, pour les
appliquer à des choses avec lesquelles
ils ne présentaient aucun rapport,

quand c'était vers les sources du Nil,
sur l'identité duquel ne s'éleva jamais
le moindre doute, qu'il fallait chercher
le théâtre des scènes si naturellement
racontées dans la Genèse. (10)

C'est à celle des races Arabiques
dont il vient d'être question, que l'on
doit la domesticité du Dromadaire et
de l'Ane. Sur la rive occidentale de la
Mer Rouge, et quand elle se fut étendue vers la Perse, ainsi qu'aux revers
orientaux et méridionaux du Liban,
elle s'appropria le premier de ces animaux, devenu le compagnon de ses
longs voyages, et qu'elle paraît n'avoir
introduit qu'assez tard en Afrique. Lé
second, moins estimé de ses maîtres,
est cependant compté au nombre de
leurs richesses, et s'est répandu depuis l'Arabie, d'où il est originaire,

jusque sur les côtes Atlantiques et dans le fond de notre Europe. Mais partout le Cheval, né dans les steppes de la Scythie, et sans qu'on puisse reconnaître à quelle époque il en sortit pour la première fois, devint l'ami plutôt que l'esclave dégradé de l'Arabe. Réservé pour la guerre, on ne dut cependant pas le monter d'abord. Nous ne voyons, ni dans les sculptures, ni dans les peintures conservées de l'antique Egypte, où sont représentés avec tant de fidélité les moindres détails de batailles avec tout ce qui peut servir à faire reconnaître les usages du temps, un seul cavalier, c'est-à-dire l'Homme à califourchon sur le Cheval; partout où cet animal figure, c'est attelé à un char sur lequel se tient un guerrier debout, le javelot en main, assisté d'une sorte de cocher armé du fouet. Il faut que pendant bien des siècles, le Cheval n'ait pas été employé autrement. Partout où l'Adamique en est accompagné, l'usage des chars est introduit. Dans les plus anciens livres des Hébreux, s'il est parlé d'armées formidables, il n'y est d'abord nullement question de cavalerie, mais de chars armés de faux, qui se perpétuent jusqu'au temps de Salomon. Pharaon se noie dans la Mer Rouge avec ses chariots de guerre. Homère nous peint encore ses héros combattant sur des chars pareils, et tels que nous en voyons en si grande quantité dans l'immortel ouvrage de la Commission d'Egypte.

Il est probable que ce fut chez l'espèce Scythique que l'art de l'équitation prit naissance ; tandis que les Egyptiens et les Pélages, à qui les usages des premiers se communiquaient, attelaient des chevaux, les Scythes en façonnaient à l'éperon. Quelques hordes égarées de cette espèce Scythique, pénétrèrent plus tard, montées sur des chevaux, dans le nord de la Grèce, vers les temps héroïques, c'est-à-dire lorsque les plaines qui s'étendent entre l'Euxin et les mers du Nord, commençant à paraître, permirent que les hommes d'Asie se vinssent mettre en rapport avec ceux de l'Europe, soit pour les combattre, soit pour se confondre avec eux. De tels cavaliers produisirent d'abord sur les Pélages l'effroi que causèrent aux Mexicains les cavaliers Espagnols, quand ceux-ci les vinrent asservir; et de-là ces traditions où il est fait mention de Centaures attaquant les Lapithes, épouvantés par la brusque apparition d'une nouvelle espèce de guerriers.

La race Adamique a poussé des colonies dans l'est du continent Africain, jusqu'au-delà de l'équateur : on la retrouve sur la côte de Zanguebar, mélangée de Maures, et dans le nord de Madagascar. Les îles Comores, dans le détroit de Mosambique et Socotora, ont été peuplées par elle ; vers l'Orient, elle s'est d'abord arrêtée au Golfe Persique ; mais plus tard, la dispersion des tribus d'Israël en a rempli la Perse au point d'altérer la physionomie des premiers habitans de cette contrée ; et des traces de familles Adamiques se retrouvent jusqu'aux lieux les plus reculés de l'Inde, et même de la Polynésie. (11)

L'écriture, originairement hiéroglyphique le long du Nil, devenue cursive en Phénicie, nous est encore venue de la race Adamique, dont plus tard nos pères adoptèrent jusqu'aux chiffres. Ils eussent adopté leur Coran, sans l'une des batailles de Poitiers.

Il ne faut pas, ainsi que le fait Buffon, confondre les Turcs de nos jours, dominateurs de Byzance, avec l'espèce dont nous venons de parler. Ces Turcs furent les plus laids de l'espèce Scythique : c'est à dater d'une époque assez récente que des croisemens continuels ont pu causer quelques ressemblances entre leur physionomie et celle des Arabes, et l'identité de religion a puissamment contribué à cette métamorphose.

---

(1) « Une fille arabe, dit Bruce (*t.* 11, *p.* 235), s'attire, dès l'âge de onze ans, l'amour des hommes par sa beauté; elle est vieille de bonne heure et bien avant l'homme. » Le même voyageur calcule que, sur plus de la moitié de la terre habitée, il existe trois femmes pour un homme. C'est en Arabie surtout, où la prédominence du nombre des filles devient énorme. Le fait a été vérifié dans plus de trois cents familles; l'Iman de Sanna, dans l'Arabie-Heureuse, vers le milieu du siècle dernier, n'avait que quatorze garçons sur quatre-vingt-huit enfans vivans; un prêtre des bords du Nil, sur soixante-dix, avait cinquante filles. C'est à de telles causes physiques qu'on doit attribuer la polygamie qui paraît être l'une des habitudes naturelles et primitives de toutes les espèces humaines, où les femelles sont formées et vieilles de bonne heure, ou plus nombreuses que les mâles. La Genèse ne laisse aucun doute sur l'usage où furent les saints Patriarches, aïeux de la vierge mère du fils de Dieu, de faire des enfans à plusieurs femmes, qui très souvent étaient leurs propres sœurs, usage qui s'est perpétué chez les Guèbres et autres peuples, mais dont les lois ont fait une abomination aux chrétiens,

auxquels cependant la loi juive est sacrée. Lamec, au verset 23 du quatrième chapitre de la Genèse, ayant tué un homme qui devait être même son proche parent, car la race de Caïn avait pu seule encore pulluler sur la terre, fait l'aveu à ses femmes Hada et Tsilia du meurtre qu'il vient de commettre. Abraham, béni de Dieu, eut aussi deux femmes à-la-fois, Sara et Agar; son neveu Loth, que sa justice sauva du désastre de Sodome, en eut trois, y compris ses deux filles; Jacob, qu'en signe d'amitié Dieu surnomma Israël, en eut quatre, qui s'achetaient même les unes les autres le plaisir de coucher avec lui pour des Mandragores; le grand roi David, aïeul de la vierge Marie, en eut dix-huit; mais aucun de ces saints personnages n'en posséda autant que le prince lettré, auteur de l'Ecclésiaste, des Proverbes et du Cantique des Cantiques, en qui Dieu mit l'esprit de sagesse (*Rois, 1, chap.* x, *v.* 23 *et* 24); Salomon eut sept cents femmes princesses avec trois cents concubines (*loc. cit., chap.* xi, *v.* 3). Mahomet, en adoptant les livres hébreux comme fondement des croyances sur la propagation desquelles il fonda sa domi-

nation, consacra la polygamie, mais en limi-
tant le nombre des épouses ; il sentit que les
fausses religions ne peuvent se maintenir que
lorsqu'elles sont adaptées aux besoins domestiques des hommes grossiers qui s'y laissent entraîner. Il autorisa ses sectaires à prendre jusqu'à
quatre femmes, comme s'il eût connu le calcul
du voyageur Bruce sur la proportion des deux
sexes dans le genre humain, et comme pour
donner d'avance un démenti au docteur Ar-
buthnot, lequel, écrivant contre la polygamie,
a prétendu que quatre femmes mariées chacune
avec un homme, feraient plus d'enfans que si
elles avaient un seul mari pour toutes quatre.

Quoi qu'il en soit, la polygamie est en vigueur
partout où la constitution physique des Hommes
et des Femmes en démontre la nécessité pour l'ac-
complissement de ce commandement, plusieurs
fois réitéré dans les Saintes-Ecritures. « Foisonnez
et multipliez, et remplissez la terre » (*Genèse*,
chap. I, *v.* 22 *et* 28 ; *chap.* IX, *v.* 1 *et* 4).
Elle est admise au Japon (*Thunberg, Voyage*
chap. XIII, *p.* 442) ; on la retrouve à Java,
ainsi que dans le reste de la Polynésie ; et l'abbé
Prévost (*Hist. des voyages*, *t.* III, *part* II,

p. 142) en donna pour raison, qu'outre l'introduction du mahométisme, on compte surtout à
Bantam dix femmes pour un homme. Aux Maldives, selon Pyrard (*Voyage, part.* 1, *p.* 147),
chacun peut avoir trois femmes. Levaillant
(*Premier voyage, p.* 395) parle de la polygamie
comme d'un usage répandu chez les Caffres, et
les peuples Africains en éprouvent si impérieuse-
ment la nécessité, que Bosmann (*Description de
la Guinée, p.* 367 *et suiv.*) la regarde comme
un obstacle insurmontable à la conversion au
christianisme des Nègres de Guinée. « En supposant, dit-il, que toutes les autres difficultés
fussent vaincues, on ne pourrait jamais réduire
les Nègres à se contenter d'une seule femme. »
Labat, ce moine fanatique, irascible, crédule,
mais parfois assez spirituel, a beau nous dire,
dans le voyage de Desmarchais dont il fut l'é-
diteur, que les habitans de Juida eussent été aisément amenés au giron de l'Eglise en 1666, par
deux capucins, et plus tard par deux jacobins,
sans les intrigues et les complots des huguenots
établis sur la côte ; nous pensons avec Bosmann
qu'on ne réussira jamais à faire des chrétiens,
monogames sous peine de damnation éternelle,

avec des hommes qui sont vigoureux jusqu'à cinquante ans , quand leurs femmes sont usées et rebutantes avant vingt-cinq. Il est déplorable qu'un imposteur ait profité de l'inflexibilité des principes de l'Eglise universelle, pour lui enlever sans retour un tiers au moins des habitans de l'univers.

(2) Ces Galas de Bruce et autres hommes de l'intérieur de l'Afrique , dont il est question dans la note suivante , appartiennent probablement à l'espèce Arabique; ils sont généralement très blancs de peau.

(3) On doit remarquer cependant qu'ils n'y mêlaient pas la moindre notion sur l'immortalité de l'âme. Les livres des Juifs , Hommes d'espèce Arabique, en font foi ; on n'y trouve pas un mot qui puisse seulement faire présumer que ce principe consolateur ait été connu des enfans d'Abraham. L'Ecclésiaste semble même le tourner en ridicule. Le saint roi qui écrivit ce livre sacré sous la dictée de l'Esprit-Saint , y dit positivement : « J'ai pensé en mon cœur sur l'état actuel des hommes, que Dieu les en éclaircirait , et qu'ils verraient qu'ils ne sont que des bêtes (*chap.* III, *v.* 18) ; car l'accident qui arrive aux

Hommes et l'accident qui arrive aux bêtes est un même accident; telle qu'est la mort de l'un, telle est la mort de l'autre; et ils ont tous un même souffle, et l'Homme n'a point d'avantage sur la bête, car tout est vanité (*v.* 19); tout va en un même lieu, tout a été fait de la poudre, et tout retournera en poudre (*v.* 20). Qu'est-ce qui sait si le souffle des Hommes monte en haut, et si le souffle des bêtes descend en bas en terre (*v.* 21). J'ai donc connu qu'il n'y avait rien de meilleur à l'Homme que de se réjouir de ses œuvres, car c'est là son lot; et qui le ressuscitera pour voir ce qui viendra après lui (*v.* 22)? Il n'y a d'espérance que pour ceux qui sont vivans, et même un chien vivant vaut mieux qu'un lion mort (*chap.* IX, *v.* 4). Les vivans savent qu'ils mourront, mais les morts ne peuvent plus rien savoir et ne peuvent plus rien espérer, car leur mémoire est mise en oubli (*v.* 5); aussi leur amour et leur haine, tout a péri, et ils n'ont plus aucune part au monde, etc. (*v.* 6).

La conclusion de ces passages et de beaucoup d'autres, qui, dans tout autre livre que la Bible, seraient regardés comme de scandaleux argumens en faveur du matérialisme, est « qu'il faut vivre joyeusement tous les jours de sa vie, avec la femme qu'on aime, parce que c'est là le partage de l'homme sous le soleil» (*loc. cit.*, *v.* 9).

Ne pouvant prouver, par des autorités tirées des Livres sacrés, que les Juifs et autres peuples d'origine Arabique ne fussent pas des matérialistes dans l'étendue du mot, on a cherché ailleurs la preuve qu'ils croyaient à la résurrection, ainsi qu'à la vie éternelle ; mais, ne rencontrant rien de bien clair, les premiers écrivains qui parlèrent de l'Abyssinie, où existent encore des traces du judaïsme primitif, prétendirent que les Galas, horde Adamique, croyaient devoir ressusciter après leur mort ; mais l'Ecclésiaste n'a pas été écrit par des Galas ; et Bruce nous dit positivement que cette prétendue résurrection à laquelle croyaient ces. barbares est comme celle dont tous les païens de l'Afrique se sont fait une idée incomplète, dans laquelle n'entre pas la moindre notion de l'immortalité de l'âme. Aucun ne sépare cette âme des corps ; lesquels, s'ils doivent revenir, reviendront tout entiers. « La résurrection que se promettent les Sangalas entre autres, dit le voyageur anglais, est toute physique et matérielle ; l'âme n'y sera pour rien, quoi qu'en disent certains auteurs qui ont imaginé que les Sauvages avaient une idée de son immortalité (*Voyage aux sources du Nil*, t. IV, *p.* 340, *et t.* VI, *p.* 137) ». C'est par un gardien de chameaux des environs de La Mecque qui emprunta le dogme d'une vie future au christianisme, que ce dogme se répandit fort tard chez la presque totalité des hommes de l'espèce Arabique.

La résurrection corporelle, sans l'idée d'une âme immatérielle, n'est pas une croyance seulement propre aux Galas et Sangalas de nos jours, elle fut celle des antiques Egyptiens. Depuis les Pharaons jusqu'à la dernière esclave employée à moudre (*Exode, chap.* XI, *v.* 5), on pensait chez ce peuple si soigneux de conserver les corps morts au moyen de l'embaumement, et de protéger les momies par les parois de mille cryptes ou la masse de pyramides inviolables ; on pensait que ces corps, mis à l'abri de toute atteinte destructrice, reviendraient en chair et en os avec leur souffle de vie, pour jouir d'une nouvelle et meilleure existence. La mort n'était censée être qu'un long sommeil, et l'on s'enfermait dans des tombeaux pour y dormir en paix, comme nous fermons à doubles verroux les portes de nos maisons durant les heures du repos nocturne ; mais, par la raison qu'au sein de Paris même nos asiles sont souvent forcés, malgré la vigilance d'une brigade de sûreté, et qu'il arrive qu'on y soit égorgé dans son lit, les cercueils des Pharaons avec ceux de leurs esclaves ont été arrachés des monumens qui les devaient protéger jusqu'au réveil, et ces cadavres religieusement déposés dans mille asiles sacrés servent à chauffer les fours des Arabes, quand leurs fragmens ne sont pas transportés dans quelque musée européen. De telles profanations, si les croyances égyptiennes eussent été fondées, mettraient sans doute dans le plus grand embarras tel ou tel monarque des antiques dynasties, qui ne saurait comment retrouver sa tête ou ses jambes au moment de la résurrection, tandis qu'on peut mutiler le corps d'un chrétien après son trépas, et transporter son cœur ou ses entrailles à soixante lieues de ses autres débris, sans nul inconvénient, puisqu'il n'y a que l'âme immatérielle qui doive, après le jugement dernier, avoir part aux délices ou aux tourmens sans fin d'une autre vie.

Qu'on nous permette ici une simple réflexion sur l'usage où sont depuis quelque temps les voyageurs, d'aller exploiter les monumens funéraires des bords du Nil, usage plus que jamais encouragé dans les pays civilisés. Les collections de débris humains que, par zèle pour les sciences, dit-on, on va chercher au loin, et dont les éloges des journalistes déterminent les potentats à faire chèrement l'acquisition, ces collections ne sont-elles pas le résultat d'une sorte de sacrilège? Est-il conséquent d'encourager le pillage des ossemens de la Thébaïde, par quelque marchand antiquaire qui se fait payer une momie avec ses chemises au poids de l'or, lorsqu'on envoie aux galères un misérable qui, pour donner du pain à ses enfans, dérobe un linceul à quelque mort du Père Lachaise? Quoi qu'il en soit, la précaution que prenaient les anciens Egyptiens, et que prennent encore les Galas et Sangalas, de placer dans les tombeaux divers ustensiles dont le défunt se servait durant sa vie, et jusqu'à des comestibles, est une preuve frappante qu'on était persuadé qu'en ressuscitant, on se réveillerait avec les mêmes habitudes, avec les mêmes besoins; ce qu'on n'eût pas imaginé si l'on eût supposé la possibilité d'une âme immatérielle.

(4) Selon Bruce, des familles Maures se sont répandues dans toute l'Afrique, au nord de la ligne ; ils abondent à la côte d'Adel, où les y nomme Barbères ; on en rencontre également en Abyssinie ; mais il faut se garder d'imaginer, avec le voyageur écossais, qu'ils n'aient pénétré dans ces régions que lorsqu'ils furent chassés d'Espagne sous Ferdinand et Isabelle. D'abord, Ferdinand et Isabelle, qui les soumirent, ne les chassèrent pas ; ce fut le fanatique et imprévoyant Philippe qui en renvoya quelques centaines de mille, et ceux-ci ne se retirèrent pas si loin, ayant trouvé une patrie dans les contrées voisines, à Maroc, Alger, Tunis et tout au plus jusqu'en Egypte. Avant l'expulsion des Maurisques par le démon du Midi, Vasco de Gama, si l'on s'en rapporte au père Lafiteau (*Conquétes des Portugais*, t. I, *liv.* II, *p.* 90 et 144), avait trouvé de véritables Maures à Mombaza, à Magadoza et à Mélinde. Vers l'ouest de l'Afrique, ils ne se sont pas étendus si loin, et n'ont jamais passé sur la rive méridionale du Sénégal.

(5) Suivant la chronique d'Axum, le plus vieux recueil des antiquités de cette partie de l'Afrique, «livre estimé, dit Bruce (*Voy. t.* III, *liv.* II, *ch.* II, *p.* 121), et dont l'autorité passe pour aussi respectable que celle de la Bible», il est dit que l'Abyssinie fut submergée par un déluge dont les effets furent tels, que la contrée prit, après que les eaux en furent retirées, le nom d'*Ouré-Midre*, c'est-à-dire campagne dévastée, ou, comme s'exprime Isaïe (*chap.* XVIII, *v.* 2), «terre que le déluge a gâtée. »

(6) Ce sont ceux que plusieurs écrivains ont dit être les descendans du patriarche Cus, mentionné dans la Genèse (*chap.* X, *v.* 6 *et* 7) comme le premier-né de Cham, et maudit pour avoir regardé la nudité de Noé, lorsque ce second père du genre humain était ivre. Cette malédiction jetée sur Cus, ajoute-t-on, produisit l'*Æthiops*, ou couleur noire, stigmate d'esclavage perpétuel pour la majorité des habitans de l'Afrique. Mais il est dit dans le même chapitre du livre inspiré (*v.* 8) que Cus engendra Nembrod, qui commença d'être puissant sur la terre (*Voy.* note 4 de l'espèce *Ethiopienne*). La race de Cus, dans le texte sacré, désigne, comme

nous le prouverons un jour, les peuples Assyriens.
Bruce (*Voy. liv.* 11 , *chap.* 11) veut que les Troglodytes soient les véritables enfans de Cus. Mais
qu'est-ce que les Troglodytes ou habitans des ca-
vernes? Personne n'en savait rien de positif avant
les Lettres persanes ; et plusieurs érudits pensent
que Montesquieu , avec tout son esprit , n'a pas
mieux éclairci l'histoire de ces Troglodytes, que
celle des peuples du Nord. (*Voyez note* 16 *de
l'espèce Japétique , p.* 160).

(7) Ceux-ci s'étant d'abord établis dans l'angle
méridional de la presqu'île Arabique , s'y rendirent célèbres sous le nom de Sabéens. Quelques-
unes de leurs hordes adoptèrent la vie de pasteurs en Chaldée , contrée plate d'alluvion ,
d'où la lignée d'Abraham est sortie , selon les
livres hébreux , pour descendre vers la terre de
Chanaan. Le nom d'Abraham est célèbre chez
tous les Arabes qui , ayant de bonne heure
mis de vastes déserts entre eux et les Sabéens ,
négligèrent tout rapport avec ceux-ci , pour
s'adonner entièrement au commerce interlope
d'alors , qu'ils faisaient de l'Inde par la Perse, de
l'Europe par l'Asie Mineure , et de l'Egypte par
l'Arabie Pétrée. Ces Arabes, qui furent seuls as-

sez bien connus des anciens, se transmirent d'abord oralement les traditions abyssiniennes en tout ce qui concernait l'origine de l'espèce Arabique ; et c'est par eux que ces traditions respectables s'étaient humainement répandues dans tout l'Orient avant que la RÉVÉLATION les eût consacrées sur le Mont Sinaï. Ils conservaient le souvenir d'Adam et de sa femme, qui d'abord ne fut pas nommée Eve. Ils pensaient que celle-ci était d'une formation postérieure à celle de son mari, qui avait été premièrement créé hermaphrodite. Il est dit effectivement dans la Genèse (*chap.* 1, *v.* 27) « que l'Homme fut créé mâle et femelle », et il dut demeurer au moins une semaine ainsi pourvu des deux sexes, puisque après l'avoir tiré de la poussière de la terre, et lui avoir soufflé dans les narines au sixième jour, Dieu, qui sanctifia le septième par un repos absolu, fit encore, avant qu'il soit question de la Femme, beaucoup de choses qui demandaient au moins le temps d les faire. Ainsi, Dieu planta le Paradis terrestre, mit au milieu l'arbre de vie et l'arbre de la science, arrosa le jardin d'Eden en y creusant un fleuve qui se divisait en quatre bras, donna des préceptes à Adam sur ce qu'il pouvait manger, et sur les fruits dont il se devait abstenir ; conduisit devant cet Adam tout le bétail , tous les oiseaux et toutes les bêtes des champs , pour qu'il leur imposât un nom qui fût le véritable ; mais Eve n'existait pas encore. C'est après que le premier nomenclateur de la zoologie eut passé la revue du règne animal, que Dieu remarqua « qu'il ne se trouvait pas d'aide pour l'Homme qui fût semblable à lui (*Genèse, ch.* ii , *v.* 20.) » Il lui envoya conséquemment un profond sommeil, durant lequel ce n'est point une côte qu'il lui retira, selon les Arabes , mais ce qui lui était inutile dès qu'il devait être Homme purement et simplement. Il referma tout de même les chairs, de sorte qu'Adam s'écria, en voyant sa moitié : « On la nommera *Hommesse,* parce qu'elle a été prise de l'Homme » (*v.* 23). Ce n'est que plus tard encore , après la chute du couple désobéissant, que l'Hommesse prend le nom d'Eve (*Genèse, chap.* iii , *v.* 20), et lorsque, soumise aux douleurs de l'enfantement , elle va devenir la mère de tous les *vivans.* Or, les Arabes réclament la propriété du nom d'Eve ; ils disent qu'il signifie la *vie,* et qu'il vient d'*Habab,* qui veut dire aussi le Serpent,

symbole de l'éternité ; ce qui fait en outre allusion au Serpent, dont l'éloquence fit tomber
l'Hommesse dans le péché ; ils ajoutent que celle-
ci s'égara encore en sortant du jardin d'Eden ;
que, séparée d'Adam, elle erra long-temps le
long de la Mer Rouge ; qu'elle retrouva enfin
son mari sur une montagne de l'Arabie, où il
avait planté sa tente, et où s'éleva depuis un
temple révéré. Eve fut ensuite enterrée à deux
jours de marche à l'orient de Jidda , et l'on voit
encore son tombeau, qui a 50 pas de long , et qui
est recouvert d'un drap verdoyant. Il n'y a pas jusqu'à la pierre sur laquelle dormait Jacob quand
il eut la vision de l'échelle mystérieuse, qui ,
selon les annales d'Abyssinie, n'ait été retrou-
vée dans l'Yémen , et déposée dans le temple
élevé au lieu où campait Adam quand Eve le
rejoignit ; quant au marche-pied qui servit à Noé
pour monter dans l'Arche , les Arabes Africains
le retrouvent dans un rocher de leurs déserts,
gravé sous le nom d'HAGER-TÉOUS dans la pl. XVI
des Voyages de MM. Denham et Clapperton ,
trad. par MM. Eyriès et de la Renaudière.

(8) Il est probable que la propagation de
cette troisième famille fut très lente. Resserrée

dans l'étroite vallée où l'attachaient ses pratiques
de culture, elle dut se faire des mœurs stationnaires, et des lois en quelque sorte répressives
contre la population. La haine des étrangers dut
également y devenir un principe de patriotisme ;
et la vie sédentaire, avec l'expérience que donne
dans les arts la nécessité d'entreprendre de grands
travaux, ayant développé le goût des sciences
au bord du Nil, des inconvéniens et des avantages de localité donnèrent nécessairement à la
civilisation Egyptienne ce caractère bizarre de
grandeur et de mesquinerie, d'ignorance et de
sagesse, qui la singularisèrent vers l'origine
de l'histoire des régions occidentales. Cependant, chez ces Egyptiens qui construisirent des
monumens gigantesques pour y adorer des Rats
du Nil, des Chats, des Oignons ou des Apis
avec un ramas de divinités de même genre, on
reconnaît toujours les caractères physiques et
moraux qui prouvent leur consanguinité avec
ces Arabes adorateurs d'un seul Dieu et qui,
ne bâtissant pas même de cabanes, effleurent
à peine en y attachant leurs tentes précaires le
sol que l'Egyptien écrasait sous le poids d'éter-
nelles pyramides.

(9) On a distingué dans notre essai sur l'Homme, tel qu'il fut imprimé pour la première fois dans le Dictionnaire classique d'Histoire naturelle, les idées qui viennent d'être émises sur le point de départ de la famille Adamique anciennement sacrée, aujourd'hui conspuée dans l'univers sous le nom de nation Juive. Plusieurs personnes ont daigné nous assurer que ces idées étaient aussi ingénieuses que probables, d'autres au contraire les ont traitées d'absurdes et même d'impies. Comme nous ne connaissons pas d'inculpation plus violente que celle d'impiété, c'est-à-dire d'ingratitude au premier chef, nous repousserons l'injure avec cette douceur que commandent les Saintes-Ecritures dont nous emprunterions au besoin plus d'un passage pour compléter notre justification. Quant aux éloges, nous ne saurions les accepter, ils doivent être transmis à l'un des chefs les plus distingués de cette armée française de la révolution, qui compta tant d'hommes extraordinaires. Le général Reignier, l'un des héros de l'immortelle expédition d'Egypte, est le premier qui, dans un excellent mémoire sur le pays de Sennaar (*Revue philosophique*, Janv. 1816, n° 2.), ait entrepris de prouver que le Sennaar

des livres hébreux est la contrée qui porte encore le même nom au confluent du Nil bleu, *Bahar-el-Azrac* et du Nil blanc *Bahar-el-Abiad*. Il pensa que les Juifs étaient originaires d'Abyssinie et que l'histoire du déluge de Noé venait de l'île de Méroé sujette à d'épouvantables inondations dans la saison des pluies, par le débordement des fleuves. Tacite qui détestait les Juifs, si l'on en juge par les épithètes de sinistres, d'infâmes et de dépravées qu'il donne à leurs coutumes, rapporte (*Hist.*, *lib.* VIII. III), parmi les idées qu'on avait émises avant lui sur leur origine, « que si les uns les croyaient venus du mont Ida (d'où le nom de *Judœ*), lorsque Saturne en fut chassé par Jupiter, d'autres les croyaient avec plus de fondement, sortis de l'Ethiopie où le Roi Céphée les persécutait », comme s'il était de la destinée des Juifs d'être persécutés partout et de tout temps. Selon les deux versions, ces bannis s'établirent d'abord en Lybie et demeurèrent conséquemment toujours Africains. Ils ne cessèrent de l'être, d'après les traditions profanes, que lorsque, répandant la lèpre dont ils étaient rongés, parmi les Egyptiens qu'ils usuraient en les infectant, le

Roi Bocchoris consulta l'oracle d'Ammon, sur
ce qu'il fallait faire à leur égard. L'oracle con-
seilla de les chasser du pays, et le roi Bocchoris les chassa au désert; ils y fussent morts de
soif si des ânes sauvages ne leur eussent indiqué quelques sources. Après sept jours environ de traversée ils se jetèrent sur la malheu-
reuse Palestine, et Dieu sait comme ils l'ensan-
glantèrent. Moïse, pour les auteurs qui ont
adopté cette histoire, était le chef des usuriers
lépreux qui constituaient le Peuple élu. On a
pensé que, moins ignare que ses compatriotes, il
avait tiré parti de l'histoire des ânes pour faire
le miracle du rocher produisant une fontaine,
et que les sept jours que sa bande mit à traverser un recoin de l'Arabie Pétrée, lui inspira
une si grande vénération pour le nombre sept,
qu'il y renferma la création : aussi depuis ce
temps le nombre sept fut-il toujours sacré, et
il n'y eut long-temps que sept planètes comme
sept péchés capitaux. Il existe toujours dans
les Livres sacrés beaucoup de choses par sept,
mais ce n'est pas de leur recherche qu'il doit
être ici question. Il n'est pas non plus de notre
sujet d'examiner si Moïse est ou non le même

que Bacchus, qui avait aussi des cornes, et
dans lequel d'autres graves docteurs ont reconnu
le patriarche Noé, mort peu d'années avant Moïse.
Nous recherchons seulement les traces des Hébreux primitifs vers l'Abyssinie et le Sennaar,
qui fut l'Éthiopie des anciens, et dont ceux-ci
les font descendre.

Ces Hébreux sont provenus de l'Adam que nous
trouvons avoir vécu vers les sommets et les plateaux d'où s'échappent le Nil et ses affluens;
ls se sont fait des usages où l'on reconnaît la
teinte Africaine, et qu'on retrouve non-seulement chez leurs cousins les Arabes, mais encore jusque chez les tribus de Nègres les plus
éloignées vers la côte de Guinée, et vers l'empire du Monomotapa. Il est évident que tous les
peuples de ces régions inter-tropicales ont eu des
rapports intimes de voisinage, mais que les Juifs
une fois établis en Palestine avaient complètement oubliés, lorsque, commençant fort tard à
écrire, il firent de l'Euphrate et du Tigre des
fleuves du Paradis terrestre. Le savant Malte-
Brun, dans un excellent mémoire inséré dans
un précieux recueil, intitulé : *Annales des
voyages*, trouve que presque tous les noms de

lieux dans le centre de l'Afrique, sont hébraï-
ques ou dérivent de cette langue. Les voyageurs
presque sans exception ont été frappés des ressemblances qui existaient entre les coutumes
des Juifs et celles des Ethiopiens, qui durent
être conséquemment en rapport, à l'origine de
ces coutumes. Ainsi Atkins cite l'usage de la circoncision chez des Nègres qui n'ont pas adopté
le mahométisme, et qui ne savent d'où il leur
vient ; ces mêmes Nègres circoncis, se purifient
par l'eau avec des cérémonies particulières et ils
exposent des mets devant leurs fétiches sur une
table à quatre pieds, analogue à cette table des
pains des propositions, qui était dans le temple
du Seigneur à Jérusalem. L'eau de jalousie se
retrouve jusque dans le Congo avec ses effets si
funestes au parjure, lequel enfle à crever, et
dont la cuisse doit tomber en pourriture après
avoir bu. Des bois consacrés servent aux pratiques superstitieuses. L'idée de l'immortalité
de l'âme fut de tout temps aussi étrangère aux
Nègres qu'aux Juifs ; mais ils croient et crurent
de tout temps comme eux à un malin esprit, au
Diable, et Bosmann fut témoin sur la côte d'Axim
d'exorcismes employés pour le chasser ; ils s'ab-

stiennent soigneusement de viandes défendues, observent rigoureusement les jours consacrés à leurs petites idoles, qui récompensent la dévotion qu'on leur porte ou punissent le mépris qu'on en fait, et qui sont des divinités jalouses. Les biens et les châtimens qu'on attend de ces idoles, sont uniquement temporels; les uns consistent dans la multiplication de la famille et des esclaves, selon qu'il est dit à tous les Patriarches avec qui Dieu forme alliance : « Tu deviendras chef d'un grand peuple », les autres consistent dans la perte des propriétés, dans des maladies, entre lesquelles des ulcères au gras des jambes sont souvent spécifiés, enfin dans la mort. Un Nègre qui en volerait un autre serait en abomination dans son village, mais s'il vole un étranger on n'y voit qu'une gentillesse. Ainsi les Juifs, à qui l'on doit cette justice qu'ils ne furent jamais fripons entre eux, ne se sont, en aucun cas, fait le moindre scrupule de dépouiller ou d'usurer des incirconcis; ils fondent leur manière d'agir à cet égard sur ce qu'en quittant la terre de Gessen, soit comme peuple, pour qui le ciel faisait des prodiges, soit comme de vils lépreux, Dieu même leur commanda de s'approprier les vases d'or et d'argent des Egyptiens et de ne pas les rendre. Nous dirons en passant que la preuve de confiance, donnée en cette circonstance par les sujets de Pharaon à des Juifs qu'ils avaient en mépris, est la plus miraculeuse de toutes les choses qu'ait opérées la baguette de Moïse lors de la délivrance de ses frères.

Desmarchais est persuadé que les Nègres de Juïda ont emprunté des Juifs la séparation qu'ils font observer aux Femmes durant le temps de leurs flux périodiques. On croirait, aux détails que donne ce voyageur, lire le chapitre xve du *Lévitique*, où l'Eternel daigne donner des ordonnances de propreté à son peuple, naturellement si sale, qu'on ne s'y fût jamais lavé la moindre partie du corps si la peine de mort n'eût menacé les crasseux. Il n'est pas jusqu'à l'histoire de Thamar, qui vendait ses faveurs pour un chevreau à l'embranchement d'une grande route, qui ne se puisse renouveler tous les jours en Guinée, où les prostituées établissent leurs cabanes le long des chemins. Loin que la profession de ces Femmes misérables soit réputée abjecte, elles sont au contraire considérées comme toutes

les autres marchandes , envers lesquelles il serait
honteux de ne pas tenir ses engagemens , et il en
fut de même chez les Juifs où le Sauveur a daigné choisir la prostituée Raab pour l'une de ses
aïeules ; on voit en effet (*Genèse, chap.* XXXVIII)
le patriarche Juda , aussi aïeul du Christ , en-
voyer fidèlement à sa bru le prix dont il était
convenu avec elle , quand il lui dit sur le bord
de la voie publique (*v.* 16.) « Permets , je te
prie, que je vienne vers toi » et qu'elle répondit :
« que me donneras-tu » ? Juda donna des
gages avant qu'on lui permît la moindre pri-
vauté , et les voulut faire retirer « de peur d'être
en mépris » (*v.* 23) : quiconque ne soldait pas
ses comptes avec les marchandes de plaisir était
par conséquent méprisable. Juda faisait sa grande affaire de donner des héritiers à son premier-
né Her ; il avait d'abord fait épouser à sa veuve ,
afin d'y parvenir, le second de ses fils Onam , lequel , sachant que les enfans qu'il ferait ne
lui appartiendraient pas et ne seraient que ses
neveux , prit de mauvaises habitudes qui fâchè-
rent Dieu au point qu'il le fit mourir ; de même
chez la plupart des tribus Ethiopiennes on
épouse de préférence à toute autre femme la

veuve de son frère, pour donner à celui-ci des enfans qui sont censés perpétuer sa lignée. (*Hist. des Voyag.*, *liv.* IX, *chap.* VIII, §. 3.)

Bruce (*t.* III, *liv.* II, *chap.* II, *p.* 130) parle avec détails des Falashas d'Abyssinie qui sont des Juifs dans toute leur pureté, établis de temps immémorial aux lieux où nous retrouvons le berceau de la race Adamique. Ces Falashas sont des Autocthones demeurés sur la terre natale, quand la famille de Jacob descendit vers l'embouchure du Nil, ou quand Céphée la persécuta. Le voyageur anglais dit à la vérité que ces Juifs Abyssins remontent au temps de la reine de Saba qui, dans son enthousiasme pour Salomon, introduisit la loi de Moïse dans ses états, et que beaucoup d'Hébreux se refugièrent dans le pays, lors de la dispersion des tribus, au temps de la captivité de Babylone, et de la destruction du temple, au temps de Titus; mais il n'appuie cette opinion d'aucune preuve suffisante. Il est aussi douteux que la reine de Saba ait rapporté une religion nouvelle de sa visite à Jérusalem, qu'un enfant de Salomon dont elle serait accouchée, peu après son retour, qu'elle aurait nommé Ménilehec, et duquel serait sortie la famille royale encore aujourd'hui régnante. Le voyage de la reine de Saba, qu'il n'est pas permis de révoquer en doute, est une marque certaine qu'au temps de cette princesse, on se souvenait fort bien au pays de Saba que les Juifs étaient de proches parens, et constituaient une sorte de colonie dont l'éclat flattait l'orgueil de la métropole. Comme Salomon envoyait des flottes par la Mer Rouge le long de la côte d'Afrique jusqu'en Ophir qui était le Monomotapa, les relations commerciales durent se resserrer entre les Juifs Africains et les Juifs Asiatiques. Makéda, ainsi se nommait la reine de Saba, voulut savoir à qui elle aurait à faire, et si le monarque Hébreux était aussi riche que le publiait la renommée. On ne saurait trouver dans tout le premier Livre des Rois, où il est question du voyage de cette reine Makéda, un mot qui puisse faire douter que la curiosité seule en ait été le motif, et surtout rien qui puisse porter atteinte à la réputation de S. M. Sabéenne. Elle obtint à la vérité tout ce qu'elle voulut de la magnificence du roi des Juifs, mais il est dit (*chap.* x , *v.* 12) « qu'elle s'en retourna dans son pays avec ses serviteurs » purement et simplement. Ce pays où s'en revint une grande princesse dont les traditions d'Abyssinie , indiscrètement reproduites par Bruce, ont terni la renommée , était-il bien celui des Falashas ? Quelques-uns croient que la puissance de Makéda , s'étendait sur les contrées méridionales de la presqu'île Arabique, que nous appelons maintenant Heureuse , et dont les peuples s'appelaient anciennement Sabéens. Mais il existait évidemment des Sabéens ou Hébreux primitifs sur les deux rives de la Mer Rouge, et ces rives d'ailleurs n'ont pas toujours été séparées par le détroit de Babel-Mandel , ainsi que nous le prouverons dans quelque note , lorsque nous réimprimerons notre article Mer accompagné de ceux où nous avons traité , dans le Dictionnaire d'Histoire naturelle, divers points de géographie physique. Au reste , c'est une tradition admise comme incontestable dans le Fatégar qu'il existe au sud de l'Abyssinie et très loin , un fleuve appelé Sabatique , parce que son cours est suspendu le jour du Sabbat , et dont les rivages sont peuplés de Juifs qui ne les ont jamais quittés. L'historien Flavien Josèphe avait eu connaissance de cette demi-fable , qu'il transporte vers son pays, mais dans laquelle on reconnaît toujours l'existence des Hébreux au centre de l'Afrique, où ils vivent en corps de nation.

Au reste le nombre des Falashas, ou descendans des Hébreux primitifs de l'Abyssinie, est fort diminué depuis le règne du grand Socinios, qui, s'étant converti à la foi romaine vers le temps de l'introduction des jésuites, ordonna qu'on exterminât tous ceux de ses sujets qui ne se feraient pas catholiques. Un autre prince, Zara-Jacob, en 1434, fit jeter à l'eau tous ceux qui ne portaient pas à la main droite une amulette avec ces mots : Je renonce au diable pour suivre Jésus-Christ notre Seigneur. Il n'existe maintenant plus de missionnaires venus de Rome en Abyssinie, et l'on n'y noie personne pour cause de religion.

(10) « Le Nil porte le même nom chez les Abyssins, les Egyptiens, les Arabes et les Indiens », dit Prévost (*Hist. des Voyag.* t. I, *liv.* I, *chap.* XVIII); ce qui prouve qu'il fut célèbre dès la plus haute antiquité. Les Grecs l'appelèrent parfois une veine descendue du ciel ; les Ethiopiens le nommèrent source des eaux célestes, *An-kaata-Marat-Schametawi.* Le Gir, autre fleuve

Africain du Paradis terrestre, est probablement le Gihon qui coulait en tournoyant au pays de Cus où nous avons vu Bruce reconnaître celui des Nègres, mais que des géographes ont cherché dans le Djihoum ou Amou, l'antique Oxus, fleuve qui, tombant dans la mer d'Aral et venant des pentes occidentales du Tibet, ne descend pas des hauteurs qui produisent le Tigre et l'Euphrate; ces deux derniers cours d'eau ne descendent pas davantage des climats où le Nil cache son origine réputée céleste. Quant à ces plaines de la Mésopotamie, dans lesquelles on a imaginé qu'Eden dut être planté, et que la tour de Babel dut être construite, elles étaient nécessairement cachées sous les eaux du Golfe Persique à l'époque où purent avoir lieu les évènemens à demi perdus dans la nuit du passé, et qui se rapportent à l'histoire primitive des peuples de race Adamique.

(11) Ils y portèrent probablement l'histoire de leur Adam, que nous trouvons dans certaines croyances Indiennes, travestie avec les noms d'Adimo et de Procriti dont on fait également sortir tous les peuples.

III. Espèce Hindoue. *Homo Indicus.*
Les Hommes qui composent celle-ci
sont plus petits que ceux des deux espèces précédentes. Cinq pieds deux
pouces, ou un peu moins, paraissent
être la mesure de leur taille moyenne :
ils ont dans les traits du visage plus
de rapports avec les Japétiques qu'a-
vec les Arabiques, et nous en avons
vu, qu'à leurs nuances près, on eût
pu confondre avec des Européens ;
mais leur teint est d'un jaune foncé,
tirant sur le bistre ou sur la couleur
du bronze ; ils sont élégamment tournés, avec la jambe très fine et le pied
bien fait. On n'en voit guère devenir
fort gros ; cependant ils ne sont ni maigres ni décharnés ; leur peau, assez fine,
laisse, par des modifications subites
de pâleur, deviner le trouble des pas-

sions. Elle ne répand aucune mauvaise odeur, surtout chez les Femmes dont la propreté est en général excessive. Celles-ci ont communément les épaules bien conformées, la gorge assez exactement hémisphérique, un peu basse, avec les mamelons noirs ou d'un brun foncé; le corps très court en proportion des membres ordinairement alongés, non qu'ils soient grêles, ce qui est le contraire des Européennes, où le corps est souvent proportionnellement un peu fort; elles n'ont presque pas de poil où la plupart des femmes d'espèce Japétique en ont souvent beaucoup, mais il y est ordinairement très dur; elles accouchent avec une prodigieuse facilité; passent pour fort lascives, et font connaître leur penchant à la volupté par la variété de mouvemens et d'attitudes qu'elles savent prendre avec tant de souplesse dans ces danses qui ont rendu les Bayadères célèbres ; elles sont nubiles de si bonne heure, qu'on en voit devenir mères dès neuf et dix ans ; aussi leur fécondité est-elle épuisée à trente. Chez les Hommes la puberté est également précoce, et la faculté d'engendrer se perd promptement. On cite peu d'exemples de longévité parmi les véritables Hindous, qu'on a trop souvent confondus avec les hordes Scythiques, fécondes en centenaires. Le mélange de tribus Arabiques et de familles Neptuniennes qui se sont répandues chez eux dès la plus haute antiquité, le long des rivages, a souvent altéré leurs traits.

Chez les Hindous, le nez est plus

semblable à celui des variétés Celtiques,
qu'à celui des individus de toute autre
espèce ; il est assez agréablement arrondi, sans être jamais épaté, les ailes
n'en sont pas disgracieusement ouvertes ; la bouche est moyenne et garnie de dents verticales ; les lèvres, loin
d'être grosses, sont très minces, généralement colorées, et la supérieure a
surtout beaucoup d'agrément ; le menton est rond, et presque toujours marqué d'une fossette ; les yeux, dont
l'expression est fort adoucie par de
très longs cils couronnés de sourcils
minces et arqués, sont généralement
ronds, assez grands, toujours un peu
humides, avec l'iris tirant sur le jaunâtre, et la prunelle d'un brun foncé
ou noire ; les oreilles sont de moyenne
grandeur et bien faites, quand on ne

les déforme pas par le poids d'orne-
mens baroques; la paume des mains
est à-peu-près blanche, un peu ridée;
la base des ongles supporte en général
une petite tache en croissant, et plus
violâtre; les cheveux sont longs, plats,
toujours très noirs et luisans, ordinairement assez fins (1); la barbe est
peu fournie, si ce n'est à la moustache.

Les Hindous, chez lesquels se sont
le mieux conservés les traits spécifiques, sont doux, bons, simples, do-
ciles, industrieux, ni paresseux ni ac-
tifs, se contentant de peu, guère plus
enclins que ceux de l'espèce Arabique
à faire abus des liqueurs fermentées,
dont ils n'ignorent cependant pas l'usage, et que leur procure le riz qui
forme le fond de leur nourriture ha-

bituelle. Le Poivre et les Amomées paraissent des excitans nécessaires à leur
estomac. Agriculteurs, assez industrieux, naturellement sédentaires, n'é-
migrant jamais qu'ils n'y soient forcés,
ils laissent faire le commerce maritime
de leur riche contrée à d'autres hommes, tels que les Européens, les Arabiques, les Malais, et même les Chinois. Soldats peu aguerris, ce n'est
seulement qu'une de leur caste qui
s'adonne à la profession des armes, et
dans laquelle leurs dominateurs britanniques recrutent ces troupes de
Cypayes, au moyen desquelles ils
tiennent le reste asservi.

L'Hindou seul réduisit l'Eléphant
en domesticité, et le forma aux combats; car il paraît que ceux de ces animaux dont les anciens renforçaient

leur corps de bataille étaient amenés de l'Hindoustan, et n'avaient pas été dressés en Afrique, où l'Arabe n'associa jamais l'Eléphant à sa gloire militaire. (2)

Les sources de l'Indus ou Sind, et du Gange, le long de la haute chaîne de l'Hymalaya, sont les lieux où fut le berceau des Hindous qui, descendus le long de leurs fleuves, peuplèrent de proche en proche toute la presqu'île occidentale de l'Inde, où l'on voit néanmoins diverses variétés d'Hommes assez remarquables, et qui proviennent du mélange de Maures et autres Arabes, de Tartares-Scythes et de Malais. Ils pénétrèrent à Ceylan, dans les Lacdives et dans les Maldives, où l'espèce Neptunienne les avait peut-être devancés. Ils descendirent aussi vers l'Occident, en suivant l'Helmend, et le long des côtes jusqu'à l'extrémité du Golfe Persique : car les habitans d'Ormutz et des petites îles de cette méditerranée sont encore évidemment des Hindous; mais du côté de l'Est, tout en pénétrant dans la Polynésie, jusqu'aux Moluques, et particulièrement à Timor, peut-être même sur quelques points de l'Océanique, ils paraissent n'avoir pas franchi les montagnes de Mogs, qui séparent le Bengale du pays d'Aracan.

Les Hindous les plus méridionaux ne sont cependant pas toujours les plus rembrunis, et ceux de Guzarate, par exemple, beaucoup plus septentrionaux que les habitans du Carnate, ont la peau bien plus foncée. Les belles gravures anglaises où sont représentés

la chute de Tippo-Saïb et les malheurs
de sa famille, avec le portrait du roi
de Solor, dessiné par Petit, dans la relation de Péron et Fraycinet*, donnent
une idée fort exacte de la physionomie et des teintes de peau de l'espèce
Hindoue. Le coton compose pour elle
les tissus les plus en usage; elle s'en
drape largement, sans que nul bouton
ou agrafe en retienne aucune partie :
ce n'est qu'assez tard, et par le mélange des tribus septentrionales, que
les toisons du Petit-Tibet se sont in-
troduites chez elle par les pays de Cachemire et de Caboul.

De toute antiquité, divisés en castes,
qui tiendraient à déshonneur de s'u-
nir les unes aux autres, les Hindous auraient, plus que nul autre peuple, dû

* Pl. 38.

conserver leurs traits primitifs; mais en dépit de l'autorité de leurs usages les plus sacrés, diverses invasions les contraignirent d'abandonner leurs filles aux conquérans. Des monumens considérables et d'autres preuves certaines ne permettent pas de douter que la civilisation Indienne ne remonte au-delà de toutes nos chronologies. Stationnaires, mais moins que chez l'espèce Sinique, la fréquentation des Européens n'a pu y causer aucun changement notable : elle est au moins contemporaine de celle des bords du Nil; cependant, quoi qu'on en ait pu dire, elle en dut toujours beaucoup différer, ainsi que les principes religieux dont elle paraît être dérivée. En effet, les Hindous n'ont jamais embaumé leurs morts, appelé le cadavre de leurs princes, après le trépas, au tribunal des sages, admis de révélation, non plus que le principe d'un Dieu véritablement unique, puisqu'ils faisaient le leur triple : delà, ce respect pour le nombre trois, qui, passé dans l'Occident, y subsiste toujours, et que les Pythagoriciens vinrent puiser chez les Brames avec la métempsycose, croyance qui n'est qu'une modification de ce principe de l'immortalité de l'âme, dont l'espèce Arabique n'admit le dogme que très tard, ainsi qu'on l'a déjà prouvé. Chez les Hindous seulement, on vit les veuves se brûler sur le tombeau de leur époux. (3)

---

(1) Strabon avait aussi remarqué que « les Hindous ressemblaient au reste des hommes par leur figure et par leurs cheveux, tandis qu'ils

ressemblaient aux Éthiopiens par leur couleur »
(*Géogr.*, *p.* 690, *édit. de* 1620 *et tom.* v, *p.* 16,
édit. de Paris, 1819). Ce savant géographe, qui ne
se doutait pas que la nature des cheveux fût un
caractère spécifique, attribuait leur rectitude à
l'humidité de l'air.

(2) Le Buffle, qui est l'espèce du genre Bœuf
propre aux mêmes climats, fut aussi réduit en
domesticité par les Hindous; ce n'est que fort
tard qu'il fut introduit chez les Pélages d'espèce
Japétique.

(3) La circoncision ne fut jamais pratiquée
chez les Hindous, mais leur religion ordonna
de tout temps la purification par l'eau du
Gange, d'où probablement vint l'usage de ce
baptême mis en réputation vers l'Occident par
Jean-Baptiste quand il ondoyait dans le Jourdain,
et que, pour caractériser sa mission, toute de
douceur, Jésus devait préférer à une opération
sanglante et douloureuse.

IV. Espèce Scythique. *Homo Scythi-
cus.* Connue, et confusément désignée

sous le nom de Turcomans, de Kirguises, d'Eleuths , de Tartares-Kal-
mouks, Mongols et Mantchoux, l'espèce Scythique habite les Bucharies,
la Songarie et la Daourie, sur toute la
surface de cette vaste région Asiatique,
qui s'étend en longitude des rives
orientales de la Caspienne, jusqu'aux
mers du Japon et d'Okhotsk, et en latitude du quarantième au soixantième
degré Nord; espace immense, fort élevé au-dessus du niveau de l'Océan, où
se ramifie l'énorme chaîne de l'Altaï,
dont les parties méridionales sont des
déserts salés, non moins arides que
ceux de l'Afrique centrale, et duquel
les eaux fluviales s'écoulent vers des
mers glacées à travers la Sibérie.

Les Scythes, moins petits que les
Hyperboréens, ont aussi la couleur

de leur peau beaucoup plus claire, avec les dents, toujours verticales, écartées et un peu plus longues. Leur taille moyenne est de cinq pieds ou un peu plus ; fortement olivâtres, ils ont le corps robuste et musclé, les cuisses grosses, les jambes courtes, avec les genoux sensiblement tournés en dehors, et les pieds en dedans. Les plus laids de tous les Hommes, ils ont le haut de la face extrêmement large et aplati, les yeux très petits, enfoncés, et tellement éloignés l'un de l'autre, qu'il y a souvent entre les deux plus que la largeur de la main ; des paupières épaisses surchargent ces yeux bleuâtres ; de gros sourcils rudes les couvrent. Le nez est fort épaté, les trous des narines seulement, le rendent sensible sur une face ridée, même dans la jeunesse. Les pommettes sont excessivement proéminentes; la mâchoire supérieure est rentrée ; le menton, s'amincissant en pointe, termine la figure en avant par son allongement. Une barbe assez fournie, surtout à la moustache, brune ou tirant sur le roux ; des cheveux plats, ni fins ni gros, généralement noirs ou de couleur foncée, complètent l'ensemble de physionomie le plus hideux qui se puisse concevoir. L'époque de la puberté pour les deux sexes, et les autres phases de la vie, y sont à-peu-près les mêmes que chez les Européens.

Vagabonds, nomades, indomptables, chasseurs, pasteurs, jamais agriculteurs, peu attachés au sol, les Scythes émigrent volontiers par bandes innombrables, toutes les fois que l'appât du pillage leur est offert. Violens, propres aux fatigues de la guerre, méprisant le danger et la mort, obéissant aveuglément à des chefs despotes, appelés Kans, ce sont eux qui, de tout temps, se répandirent comme un débordement de barbares, indifféremment au Nord, au Sud, au Couchant, sur toutes les nations paisibles; sans religion qui leur soit propre, quand ils ne reconnaissent pas un chef spirituel nommé Lama, sans police, ils n'ont nulle part fondé d'empire qui se soit perpétué; aussi ont-ils embrassé la religion, et bientôt pris les mœurs des peuples qu'ils ont conquis. Dès l'antiquité la plus reculée, ils se rendirent redoutables non-seulement à leurs voisins, mais encore aux nations les plus éloignées de leurs repaires (1). Les annales de la Grèce, de l'Inde et de la Chine, sont remplies des preuves de leurs brigandages. Depuis l'ère chrétienne, les noms d'Attila, de Gengis et de Tamerlan ont rendu leurs armes célèbres. Confondus vers les froides régions du nord et de l'orient de l'Asie, avec l'espèce Hyperboréenne, ils s'y sont encore enlaidis avec elle, particulièrement au Kamtschatka, et dans l'île de Jezo, qu'ils asservirent. Ils se sont faits Chinois en franchissant la grande muraille; leurs descendans occidentaux, adoptant plus tard le mahométisme, sont devenus les plus beaux des Hommes, en conservant néanmoins quelque chose de la teinte originelle de leur peau, lorsque, pénétrant jusqu'en Grèce, ils ont donné le nom de l'une de leurs hordes à la Turquie d'Europe, et s'y sont alliés au sang des plus belles esclaves tirées de Circassie, et de ces contrées si justement célèbres au temps des Hélène, des Aspasie et des Laïs. Franchissant l'Oural, le Volga et le Tanaïs, ils ont porté leurs mœurs vagabondes et leur figure repoussante jusqu'au Dniéper; mais n'y ont pas trouvé de femmes Circassiennes ou Grecques, pour effacer la difformité de leurs traits. Le Chameau, né comme eux, entre l'Aral et le Baïkal; le Cheval, originaire des mêmes contrées, sont devenus les impétueux auxiliaires de leurs migrations déprédatrices, ou les patiens compagnons de leurs lointains voyages. Ces animaux leur ont fourni le lait dont ils se nourrissent, et dont ils obtiennent une liqueur fermentée, avec laquelle on les voit s'enivrer jusqu'à la fureur; ils leur fournissent en outre une chair qu'ils dévorent demi-crue et putréfiée, avec les tissus et les peaux dont ils font des tentes ou de bizarres vêtemens. Nous avons vu qu'ils durent être les premiers cavaliers*. Nulle part ils n'ont bâti des villes; partout campés, ils vécurent et vivent sans fonder de propriétés territoriales qui les puisse amener au véritable état social. Moins malpropres cependant que les Hyperboréens, ils ne répandent pas cette odeur fétide qui fait de leurs voisins du Nord des objets si repoussans. On ne leur reprocha guère l'anthropophagie; mais c'est d'eux que vint chez divers peuples du Nord, l'usage d'enterrer, avec leurs chefs ou leurs guer-

* Page 193.

riers illustres, des armes, un cheval
de bataille et quelques esclaves.

----

(1) Nous avons vu, p. 193, que les premières
hordes Scythiques qui se montrèrent en Europe
à califourchon sur des chevaux y furent appelées
Centaures, mais qu'elles n'y purent pénétrer
qu'après la séparation de la Mer Noire et des
mers du Nord. De vastes marais, demeurés
entre l'Europe et l'Asie, après la retraite des
eaux, rendaient les communications fort diffi-
ciles entre des peuplades qui ne naviguaient
pas; aussi furent-elles d'abord assez rares. Au
temps de Strabon, pour ainsi dire très près de
nous par rapport à l'antiquité que supposent,
dans la civilisation de quelques races humaines,
diverses traditions appuyées sur d'incontestables
vraisemblances, au temps de Strabon, le centre
de la Russie était encore tellement impraticable
que ce grand géographe croyait l'Euxin en communication avec l'Océan. Hérodote rapporte que
c'était récemment que des Hommes habitant à l'O-
rient des Palus Méotides s'étaient aperçu, en pour-
suivant une biche, qu'on pouvait passer d'un bord

à l'autre à l'aide de quelques points où la vase s'était consolidée. Que penser conséquemment de ces historiens qui placèrent le berceau des nations Scythiques dans ces terres basses à demi désertes, où ne pouvaient exister que des poissons de mer, il n'y a probablement pas trois mille ans; que penser surtout de ces auteurs venus dans un temps plus éclairé, qui, voulant introduire de l'érudition philologique dans l'histoire naturelle, sans consulter auparavant la constitution physique des lieux, étayent leurs systèmes avec de telles absurdités ? Ils supposent d'antiques foréts pour en faire sortir leurs prétendus barbares du Nord, où croissaient des Fucus et des Zostères, où paissaient des Phoques, où se jouaient des Marsouins ! delà ces beaux passages du grand Montesquieu, qui changeant tout-à-coup de manière de voir sur les dévastateurs de l'empire Romain, les fait venir des Tartares; « Nation la plus glorieuse, composée de dominateurs de l'univers, et que les autres nations semblent faites pour servir » (*Lettres Persannes*, LXXXI). Malheureusement le nom de Tartares, ou plutôt Tatars, présente une signification aussi vague que celui d'Indiens, qu'on donna indifféremment aux peuples du Gange, aux Malais, aux Canadiens, et aux Caraïbes des Antilles, ainsi qu'aux hommes des terres Magellaniques. Il n'est pas même connu avant le XIIe siècle, où il parait avoir désigné quelques restes de Huns que subjuguèrent les Mongols sous Gengis-Kan, et qui par conséquent ne conquirent pas le Mogol.

Les premières notions que purent avoir ce que nous appelons les anciens, au sujet des Scythes, leur vinrent évidemment par les parties de l'Asie qui confinaient vers le Septentrion avec des contrées qui leur étaient imparfaitement connues. Gog et Magog désignent ces barbares dans les Livres hébreux ; mais ils n'avaient pas encore forcé les passages du Caucase ; et si déjà quelques hordes Scythiques s'étaient jetées sur l'Inde, on l'ignorait au Couchant, puisque Strabon déclare positivement qu'avant Alexandre on ne sut absolument rien sur l'histoire de ces régions lointaines (*Géogr. édit. de Paris*, 1819, *t.* v, *p.* 5). C'est de l'expédition des Macédoniens que datent les premiers rapports entre les Scythes et les Européens. Mithridate dont les états s'étendaient probablement beaucoup plus vers le Nord-Est qu'on ne

le suppose communément , put compter des
Scythes au nombre de ses sujets et de ses alliés.
Ceux qui, à cheval, à travers les boues du pays
des Cosaques, étaient venus donner lieu à la
fable des Centaures, quelques mille ans auparavant, avaient tracé la route, pourtant encore
core peu connue alors, par où l'ennemi du
nom Romain, songait à venir vaincre Rome
dans Rome. C'est de l'époque où le fier roi de
Pont conçut cette gigantesque idée, que son
exécution se prépara par le rapprochement des
nations Scytiques occidentales et de la race
Sclavone d'espèce Japétique. Nous avons vu qu'il
était résulté du mélange des Scythes et des Sclavons de véritables Hybrides (*p*. 136). Dès-
lors le flux et le reflux des peuples confondit les
langages autant que le sang. Ces peuples, lorsqu'ils se mêlaient, ne savaient pas encore écrire ;
ils ne tenaient nul compte du temps durant
lequel ils avaient erré sur la terre ; l'histoire
n'existait pas pour eux. Comment peut-on
maintenant chercher entre les uns et les autres
des filiations que le sage Anacharsis, Scythe de
nation, et si savant sous la plume de l'abbé
Barthélemy, ne serait pas en état d'éclaircir,

revînt-il sur terre tout exprès pour l'essayer?

Les Sclavons furent les premiers Européens avec lesquels les Scythes se trouvèrent en contact, c'est-à-dire avec lesquels ils en vinrent d'abord aux mains, et avec lesquels on les vit ensuite se mêler. Ces Sclavons orientaux n'étaient alors guère mieux connus des Grecs que les Kirguises dont les hordes furent sans doute les premiers Asiatiques écoulés vers l'Europe. Le résultat du mélange fut probablement cette nation Sarmate qu'Hérodote (*liv.* IV, *cap.* LVII) place au nord du Tanaïs, que Strabon n'hésite pas à regarder comme Scythique, et dont Tacite nous dit que le costume large dénotait une origine Asiatique; poussées les unes par les autres, de nouvelles peuplades de même origine entraînèrent les Sarmates; l'Orient pesa de toute sa masse sur la patrie de l'espèce Japétique; mais les guerriers de cette région durent, avant d'attaquer les Hommes de race Pélage, se mesurer avec les Hommes de race Germanique: ils les vainquirent ou en furent vaincus, et des luttes qui eurent lieu entre eux durant vingt siècles, sortirent d'innombrables Métis dont il n'est guère plus important d'éclaircir l'histoire

ue celle des Loups qui s'accouplaient ou s'en-
re-déchiraient sous les mêmes climats.

Pinkerton, qui ne tient pas, plus qu'un autre,
ompte de l'état aquatique où se trouvait l'Eu-
ope orientale avant l'époque où les Asiatiques y
urent pénétrer, veut également que les Scythes
oient les pères des Germains; il en fait sortir les
Goths et se montre aussi enthousiaste de tels
auvages que le président de Montesquieu le fut
es Tartares. Mais M. Malte-Brun a prouvé
ue Pinkerton se trompait si souvent, qu'on nous
assera l'idée où nous sommes qu'il s'est trompé,
ans ses assertions touchant les Scythes, comme
ont fait en mille endroits de leurs compila-
ions, tous les auteurs qui ont pris pour base
e leurs romans historiques, les écrivains des
iècles d'ignorance.

V. Espèce Sinique. *Homo Sinicus.*

Presque toujours, mais impropre-
ment confondue avec la précédente,
sous le nom de Mongole, qui, réelle-

ment, ne doit désigner qu'une race
Scythique-Tartare, cette espèce se
compose des peuples appelés Coréens,
Japonais, Chinois, Tonkinois, Cochin-
chinois, Siamois, et des Hommes qui
peuplent l'empire des Birmans. Sortis,
sous le trentième degré nord, des
montagnes et des plateaux du Thibet,
pour s'étendre du dixième au quarantième, séparés des nations Scythiques
par les vastes déserts de Cobi ou
Shamo, ils descendirent vers les rivages de la mer, en suivant le cours de
six ou sept grands fleuves roulant vers
l'Est et le Sud, à travers de riches plaines. L'espace qu'ils peuplent aujour-
d'hui en longitude, n'est pas moins
étendu, et ne le cède point en surface
à celui que, dans l'Ouest, occupe l'espèce Japétique; mais il est moins con-

dérable que les contrées sur lesquelles se répandirent l'espèce précédente et l'espèce Arabique.

Les Chinois, depuis plus long-temps
célèbres que les autres nations Thibé-
taines, peuvent être considérés comme
le type de l'espèce Sinique : un peu
plus grands que les Tartares-Scythes,
leur taille est celle des Hindous, c'est-
à-dire, de cinq pieds à cinq pieds quatre pouces; peu s'élèvent au-dessus
de ces dimensions; leurs membres
sont bien proportionnés, encore que
la tête soit grosse; le corps est peu
chargé de graisse, mais l'embonpoint
passe chez eux pour une beauté. Le
visage est rond, et même élargi par
le milieu, où les pommettes des joues
sont saillantes ; les yeux, dont les
prunelles ordinairement brunes pas-

sent aussi au noir, mais jamais au
bleu, sont petits, ouverts en aman
de, avec le coin incliné en bas, tandi
que l'autre extrémité, très relevée ver
le haut des tempes, y est fortemen
empreinte de ces rides qu'on y appell
vulgairement patte d'oie; ils sont trè
peu fendus, et semblent ne faire qu
deux lignes obliques dans la figure; le
paupières en sont généralement gros
ses et boursoufflées, presque dégarnie
de cils; les sourcils très minces et for
noirs, sont aussi fort arqués; le nez,
bien séparé du front par une dépression profonde, est rond, légèremen
aplati, avec les ailes un peu ouvertes,
et sans être trop gros, quoique de
voyageurs l'aient comparé pour la
forme à une Nèfle; la bouche est grande,
avec les dents verticales, et les lèvre

un peu grosses, généralement d'un
rouge livide. Le menton, qui est petit, est en général dégarni de barbe; les
Thibétains n'en ont guère qu'à la
moustache, qui, naturellement soyeu-
se, peut devenir excessivement longue; rarement leurs femmes en pré-
sentent-elles l'analogue ailleurs. Celles-
ci, qui cependant sont vieilles d'assez
bonne heure, et dont la taille est plus
dégagée que celle de leurs maris, sont
prodigieusement fécondes, réglées à-
peu-près comme dans la race Caucasique. La fécondité suit la même marche pour les hommes, aux exceptions
près de précocité qu'y porte l'influence méridionale, laquelle paraît déterminer chez toutes les espèces de l'hé-
misphère boréal l'avancement de la
puberté. L'oreille est grande et très

détachée, de sorte qu'on en distingue la presque totalité chez un Sinique en le regardant de face. Les cheveux sont lisses, plats, et ne bouclent jamais; ils sont en outre de moyenne longueur, gros et toujours noirs, disposés sur le front, de façon à y former cinq pointes, plus distinctement que dans toute autre espèce du genre Homme : comme ils sont peu fournis, les Chinois semblent avoir voulu déguiser cette sorte de pauvreté en se rasant la tête et ils n'en laissent communément qu'une petite mèche au vertex, lequel n'est ni trop proéminent ni trop aplati.

Les porcelaines de la Chine et du Japon, avec une infinité de peintures du pays, donnent une idée exacte des caractères physiques de l'espèce dont il est question ; ses propres peintres la représentent en général aussi blanche que la nôtre. En effet, les Femmes, que leur éducation, leur vie sédentaire, et la conformation artificielle à laquelle on contraint leurs pieds, retiennent sous l'ombre du toit conjugal, ont souvent le teint comparable à celui des petites maîtresses Européennes; mais alors il conserve toujours quelque chose qui rappelle l'idée du suif. En général, l'espèce Sinique a la peau huileuse, jaune, et passant au brun, même foncé, sous le vingtième parallèle et au-dessous, où le mélange de Malais dans la presqu'île occidentale de l'Inde a imprimé quelques modifications à leur physionomie primitive. On remarque néanmoins que les Siniques les plus septentrionaux, sont aussi les plus foncés en couleur.

C'est mal-à-propos qu'on a confondu cette espèce avec ses voisines, et qu'on a avancé que les Chinois provenaient du mélange des Tartares et des Malais; il suffit d'avoir vu un homme de chacune de ces trois espèces, pour reconnaître l'énormité d'une telle erreur. La conquête et la violence ont pu contraindre les Chinois à confondre leur sang avec celui des Scythes; mais ce mélange purement accidentel n'a guère influé sur l'espèce, qu'au degré où le mélange des Germains, par exemple, influa sur la race Celtique de l'ouest de l'Europe. Du reste, ainsi que les Arabes-Juifs, avec lesquels leur caractère moral présente d'étranges rapports, la plupart des peuples d'origine Sinique, ont horreur des mésalliances, et n'aiment pas les étrangers. Ce sont les Chinois qui, pour se préserver des agressions de ceux-ci, construisirent des travaux gigantesques, entre autres la grande muraille si célèbre, destinée à couvrir le nord de leur empire. Jamais pasteurs, rarement chasseurs, l'agriculture est leur occupation essentielle ; ses pratiques sont en quelque sorte placées sous la sauve-garde des lois : des fêtes nationales leur sont consacrées, et l'Empereur de la Chine est le premier laboureur de ses vastes états. L'attachement pour le sol est extrême chez ces hommes : les voyages même sont en exécration au plus grand nombre ; et ceux qui, plus aventureux et sans domicile fixe, se hasardent à quitter leurs pays pour affronter les dangers des mers voisines, ne le font

guère qu'à l'insu du gouvernement qui
ne permettrait pas , chez les Chinois
particulièrement, qu'un individu sorti
de l'empire y rentrât paisiblement.

Doux, civils, complimenteurs, ram-
pans , brocanteurs, avides de gain
quoique sachant se contenter de peu,
les Hommes de l'espèce Sinique sont
essentiellement mangeurs de Riz , et se
servent de petites broches d'Ivoire ou
de Bambou pour lancer plutôt que
pour porter les alimens à leur bouche.
Ils sont aussi Ichtyophages, non-seulement sur le bord de la mer, mais encore jusque vers les sources de leurs
moindres rivières, où ils s'adonnent à
la pêche avec autant d'activité que d'intelligence; ils y ont dressé des Oiseaux.
La soie compose le fond de leurs larges vêtemens; et encore que le coton

pût être aussi commun chez eux que chez les Hindous, c'est toujours au produit de l'insecte du mûrier qu'ils donnent la préférence. On ne les voit jamais faire abus de liqueurs fortes. C'est du thé qu'ils obtiennent leur boisson favorite; ils aiment les parfums jusqu'à la fureur. Peu courageux, ils ont été de tout temps de très mauvais soldats. Leurs armes étaient originairement l'arc, le bouclier, et une sorte de casque. Ils y substituèrent, dit-on, des armes à feu avant que l'Europe connût la poudre à canon. Très industrieux, habiles marchands, on ne saurait citer un art dans lequel ils ne se soient exercés, un genre de négoce qu'ils n'aient entrepris. Ils bâtissaient des palais, et les embellissaient de jardins magnifiques; le papier, les tentu-

res, la porcelaine et les cristaux, la
boussole et l'imprimerie, la poudre à
canon, même les feux d'artifice, les
jeux de la scène, des moyens com-
modes de transport. pour les voyageurs; en un mot, une multitude de
choses desquelles dépendent les douceurs de la vie, leur étaient déjà fami-
lières, que nos plus puissans monar-
ques de l'Occident vivaient encore
dans des masures crénelées dont les
murs étaient à peine décorés d'une
couche de blanc à la chaux, buvaient
dans des tasses de mauvaise faïence,
chevauchaient ou cheminaient en char-
rette à Bœufs, s'émerveillaient en
voyant jouer des mystères, et ne se
doutaient pas qu'il dût jamais exister
d'artillerie.

La civilisation Sinique paraît remonter à la plus haute antiquité, ainsi que le langage monosyllabique et conséquemment primitif des peuples de toute l'espèce. Cette civilisation est essentiellement stationnaire, les moindres actions des individus y étant réglées par des ordonnances; mais la corruption y semble être inhérente : nulle part les Hommes ne montrent plus d'avarice et plus de lubricité; nulle part ils n'imaginèrent de moyens aussi variés, aussi extraordinaires pour s'exciter à des plaisirs qui deviennent abjects, quand ils sont le résultat d'une imagination déréglée, plutôt que celui de l'impulsion naturelle des organes. Les religions Siniques cependant sont dégagées de toute superstition, et sont subordonnées aux constitutions de l'Etat; elles ne dominent jamais le gouver-

nement. Le déisme pur en est la base
sublime, mais il est faux que le dogme
de l'immortalité de l'âme y ait jamais
été admis plus que chez les Juifs; ce
qui prouve sans réplique que le matérialisme et le déisme peuvent fort bien
s'accorder, et que l'existence sociale
d'un peuple ne saurait être compro-
mise, parce qu'il ne croirait pas à la
damnation éternelle.

VI. Espèce Hyperboréenne. *Homo
Hyperboreus.* Sous le nom de Lapons et de Samoïedes, cette sixième
espèce habite en Europe et en Asie,
vers le cercle polaire arctique, la
partie la plus septentrionale de la
presqu'île Scandinave et de la Russie, se prolongeant parallèlement à

la côte désolée du nord de l'Ancien-Monde ; les Ostiaks, les Tonguses et les Jakoutes, tribus misérables des rives de la Léna ; les Jukagires, les Thoutchis, les Kouraiques, et quelques hordes de Kamtschadales, en font probablement partie. Ces dernières peuplades, après s'être mêlées à des hordes Scythiques, ayant pu traverser aisément le détroit de Behring et se rendre dans les îles Aleutiennes, se sont étendues dans cette petite partie de l'Amérique septentrionale, sur laquelle l'Empereur de toutes les Russies prétend avoir des droits, parce que son Conseil la sait habitée par une espèce d'Hommes difformes, dont la presque totalité dépend de ses volontés absolues dans l'Ancien-Monde. Sur ces rives malheureuses, l'espèce Hyperboréenne produisit sans doute les Atzèques, et descendit jusque dans l'île de Nootka, vers le cinquantième degré nord. Ce parallèle est à-peu-près celui où elle parvient le plus méridionalement dans le Nouveau-Monde, puisque sur la rive opposée on retrouve à la même latitude les Hyperboréens vers la pointe nord de l'île de Terre-Neuve : ce sont eux encore qui, sous le nom d'Esquimaux, habitent les rivages de la terre de Labrador, à partir de la pointe orientale, au nord-est du Canada, et qu'on retrouve toujours sous le même cercle polaire, au nord-ouest de la baie d'Hudson, fort avant et près de ce point de la Mer Glaciale, où pénétra Héarne chez les Indiens cuivrés. Ce sont eux enfin qui, ayant abandonné l'Islande à la race Germaine Japétique, se sont

établis aux approches du quatre-ving-
tième degré, c'est-à-dire, sous le climat le plus dur, et sur le sol le plus in-
grat qu'il soit possible d'imaginer ; lieux
où très peu d'arbres peuvent résister
aux tempêtes des longs hivers, où la
verdure de quelques mousses, et d'un
petit nombre de plantes rabougries,
est la seule qui diapre çà et là d'affreux
rochers, quand la neige ne protège pas
cette triste parure contre l'âpreté d'un
froid auquel rien autrement ne saurait
résister.

Les Hyperboréens sont de petite
stature ; quatre pieds et demi constituent pour eux la taille moyenne ; un
individu de cinq pieds y passerait pour
un Homme fort grand ; ils sont trapus,
quoique maigres ; leurs jambes sont
courtes et assez droites, mais si gros-

ses, particulièrement chez les Boran-
diens, qu'on les croirait enflées et malades; leur tête ronde est d'une dimen-
sion démesurée; leur visage fort large
et court, est plat surtout vers le front;
leur nez est écrasé, sans être d'une
trop grande largeur; les pommettes
sont fort élevées ; les paupières sont retirées vers les tempes; la prunelle est
d'un jaune brun, et jamais bleue ou
cendrée; la bouche est grande; les dents
verticales y sont communément écartées ; leurs cheveux plats sont noirs,
naturellement gras et durs; la barbe
est rare. Les Hommes ont la voix très
grèle, à-peu-près comme les Ethiopiens. Les Femmes sont hideuses, et
c'est peut-être dans le dessein d'en
améliorer la progéniture, que leurs
maris les offrent à tous les étrangers

que le hasard conduit dans leur triste séjour : elles sont comparativement plus musclées, et à-peu-près de la même taille que les Hommes ; leurs mamelles, molles et pendantes, en forme de poire, dès les premiers temps de leur développement, deviennent, comme chez les Ethiopiennes, si longues, qu'elles peuvent être jetées par-dessus les épaules pour allaiter les enfans, ordinairement portés sur le dos ; le bout du sein est grand, long, rugueux et noir comme du charbon. La nubilité vient tard, et certains voyageurs ont même affirmé que les Hyperboréennes n'étaient pas sujettes au flux menstruel, ce qui n'est pas croyable. Absolument glabres, excepté sur la tête, elles accouchent avec une extrême facilité, ce qui tient à une telle dilatation de certaines voies, qu'on a dit qu'elles élargissaient artificiellement ces parties en y portant sans cesse enfoncée une énorme cheville en bois.

Tous les Hyperboréens, beaucoup plus basanés que les peuples du reste de l'Europe et de l'Asie centrale, sont d'autant plus noirs qu'ils s'élèvent davantage vers le Nord; il n'est pas rare d'en trouver par le soixante-dixième degré qui, plus foncés en couleur que les Hottentots placés à l'extrémité opposée du vieux Continent, sont presque aussi noirs que les Éthiopiens de l'équateur.

Les Hyperboréens sont naturellement sédentaires et fort attachés au lieu de leur naissance, loin duquel ils ne sauraient vivre : on en a vu périr d'ennui dans les pays tempérés où

on les avait conduits, dans la pensée
de leur en faire apprécier les douceurs.
Pacifiques au point d'être inhabiles à
la guerre, c'est en vain que Gustave-
Adolphe voulut former un régiment
de Lapons; ce grand roi n'y put jamais réussir. L'arc et la flèche, l'arba-
lète et le javelot, sont les armes qu'ils
emploient bien plus dans leurs chasses
que dans les combats. On n'a jamais
ouï dire qu'ils aient disputé la possession du moindre coin de terre. Ils
n'ont ni religion ni culte; quelques
pratiques superstitieuses, sans rapports, et arbitrairement établies dans
leurs diverses tribus, en tiennent lieu.
Rarement malades, comme la plupart
des brutes privilégiées à cet égard, ils
arrivent à la mort sans passer par
l'état de décrépitude, et cependant

a un âge assez avancé. La cécité accompagne ordinairement leur courte vieillesse. Ils se vêtissent de la tête aux pieds de fourrures. Selon les contrées qu'ils habitent, ils ont attaché le Chien à leur sort, soit en l'attelant à leurs traîneaux, soit en l'associant aux travaux de la pêche. Ils ont aussi asservi le Renne, qui leur fournit son lait et sa chair; ils ne connaissent pas d'autre domestique. Pasteurs de ces Rennes ou pêcheurs, ils ont, sur les bords de la Mer Glaciale, perfectionné les moyens de prendre les habitans de l'eau ; ils ne manquent pas d'habileté dans l'art de vaincre jusqu'aux grands Cétacés. Ils préfèrent la graisse de ces animaux à toute autre nourriture ; se délectent aussi de l'huile qu'ils en expriment, et dont ils boivent la quantité que ne consume pas leur lampe durant les longues nuits de leurs affreux hivers. Outre la chair des animaux qu'ils tuent à la chasse, celle de leurs Chiens qu'ils soumettent à la castration, et de leurs Rennes qu'ils préparent en la fumant, ils mangent beaucoup de poissons, et l'aiment mieux pourri ou desséché que frais. Ils fabriquent avec des arrêtes torréfiées et broyées, des Lichens Cœnomyces ou Cétraires, l'écorce des jeunes Bouleaux et des Pins qu'ils réduisent en farine grossière, une sorte de pain dont aucun autre estomac que le leur ne saurait supporter le poids. Ils n'emploient guère le Sel, si recherché des Européens et des Ethiopiens. Les liqueurs fortes et alcoholiques sont peu de leur goût; et quand ils se lassent de l'huile ou du lait, ils préfèrent à toute autre boisson l'eau dans laquelle on a fait infuser des baies de Genièvre : néanmoins quelques-uns d'entre eux font une sorte de bierre enivrante avec un Champignon réputé vénéneux (1). Ils ne bâtissent ni villes ni villages, et ne vivant pas, à proprement parler, en société, leurs rares bourgades se composent de quelques huttes à demi souterraines, dans chacune desquelles s'entassent, enfumés et confondus avec les animaux apprivoisés, tous les membres polygames d'une même famille, où l'on ne se doute même pas de la signification du mot pudeur.

L'espèce Hyperboréenne est, après la Hottentote, la plus sale de la terre; elle contracte par sa malpropreté une puanteur insupportable.

(1) *Agaricus acris*. L. Les Kamtschadales particulièrement, qui nomment ce champignon *Machomor*, boivent quelquefois de l'espèce d'eau-de-vie qu'ils en obtiennent, jusqu'à se donner la mort ; elle est essentiellement assoupissante.

VII. Espèce Neptunienne. *Homo Neptunianus*. Essentiellement riveraine, cette espèce ne peupla que des îles, ou, lorsqu'elle aborda sur quelque continent, elle n'en abandonna jamais les côtes, pour passer au-delà des monts qui s'y trouvaient parallèles. Aucune ne se dissémina davantage entre les deux tropiques qu'elle dépassa sur très peu de points. Nous la retrouvons de l'Ouest à l'Est, à partir de Madagascar dont elle habite les parties orientales, jusqu'au Nouveau-Monde dont elle peupla les bords occidentaux, depuis la

Californie jusqu'au Chili. Nul doute que ces victimes du fanatisme Espagnol, dont les Fernand Cortès et les Pizarre détruisirent la civilisation naissante, n'aient fait partie de cette espèce. A travers le mélange d'Atzèques, de race Hyperboréenne ou Scythique, qui envahirent antiquement le haut Mexique, d'Européens, d'Ethiopiens esclaves, transportés d'Afrique en Amérique par les nouveaux possesseurs du sol, et des autres espèces ou races Américaines, on distingue dans le peu de naturels échappés au fer Castillan, ainsi qu'aux bûchers de l'inquisition, les traits et les teintes des Hommes de l'Océanie, et même de la Polynésie. On reconnaît en outre, à travers les incertitudes qui résultent des observations incomplètes des voyageurs, que les Américains des côtes occidentales étaient tout-à-fait différens du reste des Hommes de leur continent. Ils n'avaient jamais franchi les chaînes sourcilleuses qui, parallèlement et non loin de la mer, s'y succèdent en arc immense du Nord au Sud. Par suite de leur instinct maritime, les revers orientaux des montagnes leur demeurèrent étrangers ; pour s'y établir, ils eussent dû s'éloigner de leur véritable élément, et même après qu'ils furent devenus agriculteurs, ils demeurèrent Neptuniens par le choix de leur séjour, d'où la vue s'étendait encore sur les flots. Les nations du Iucatan et de la terre de Honduras, c'est-à-dire du golfe du Mexique, appartenaient à l'espèce des Colombiens ; aussi elles étaient toujours en désaccord avec le peuple

que nos écrivains appelèrent plus particulièrement Mexicains, et l'usurpa-
teur du trône de Montézume sut, en
armant la république de Tlascala, pro-
fiter de la haine qui devait, chez des
barbares, naturellement résulter de
leur différence spécifique.

Ce qu'on sait des croyances, des
usages et des lois des deux empires
des Incas et du Montézume dont on a
trop exagéré la puissance, est insuffi-
sant pour qu'on puisse juger exactement à quelle hauteur de civilisation
les Hommes s'y étaient élevés. Cette
civilisation était évidemment moderne
et transplantée : elle ne remontait pas
à trois siècles. Son influence avait déjà
néanmoins beaucoup adouci les mœurs
d'Hommes qui durent être féroces, et
même anthropophages dans l'origine,

ainsi que le sont encore la plupart des insulaires d'une partie de l'Océanie; car des sacrifices humains s'y pratiquaient comme chez nos aïeux.

L'histoire des Péruviens et des Mexicains a été écrite dans un siècle d'ignorance et de superstition, où de sanguinaires vainqueurs tenaient la plume. On a adopté sans examen, et comme base de travaux modernes, les exagérations et les erreurs qu'ont amoncelées, par suite de leurs préjugés, de si furieux narrateurs. Nous n'oserions, sur de pareils matériaux, nous engager dans les recherches que nécessiterait l'établissement des caractères primitivement propres aux anciens Américains occidentaux; nous devons nous borner à signaler ceux-ci comme une variété des Neptuniens appartenant probablement à la race Océanique. Par une fatalité particulière au sort de cette espèce, son histoire sociale demeure obscure partout où elle s'établit. Répartie de temps immémorial dans des archipels éloignés les uns des autres, on ne peut jamais fixer l'époque où elle s'y put introduire. Nulle de ses races ne tint compte des évènemens passés, pour en composer des fastes : les traces de chaque migration se sont effacées. Ni mythologie, ni souvenirs de temps héroïques, ni système commun de superstitions religieuses, ni autres préjugés généraux, ne peuvent servir à la recherche de son origine. Isolée sur une multitude de points du globe, qui n'ont que très rarement des rapports entre eux, il s'est formé dans l'espèce Neptunienne des races ou des variétés fort tranchées, entre lesquelles existent à peine aujourd'hui des traits communs, et qui, jusqu'ici imparfaitement décrites ou simplement indiquées, doivent, avant qu'on se hasarde à les caractériser méthodiquement, être examinées soigneusement par quelques voyageurs comme MM. Gaimard, Quoy, Durville et Lesson, en état de comprendre que la connaissance d'une espèce ou d'une race d'Hommes vaut bien celle d'une Méduse, d'un Kanguroo, d'un Métrosidéros, ou de quelque promontoire désert.

Nous bornant donc à traiter des généralités qui concernent l'espèce dont il est question, nous rappellerons d'abord qu'elle est essentiellement aventurière; que, de tout temps, s'étant familiarisée avec les dangers de la mer, elle s'épandit d'île en île, de cap en cap sur deux cent trente degrés d'étendue en longitude, sans avoir jamais pris possession, les armes à la main, d'un arpent de terre, en quelque contrée que ce soit, lorsque celle-ci était intérieure et montueuse. Ainsi, les Hommes du centre ou de l'ouest de Madagascar, du milieu de Ceylan, de la péninsule de Malaca, de Java, de Sumatra, de Bornéo, de Célèbes, de Timor, des Philippines les plus considérables, et de Formose, n'appartiennent que très rarement, et peut-être même jamais, à l'espèce Neptunienne; mais outre que cette espèce s'est établie sur les côtes de tous ces lieux, et même de la presqu'île occidentale de l'Inde, les insulaires des Lacdives et

des Maldives, de l'archipel de Nicobar, des moindres rochers des mers de
la Sonde, des archipels des Moluques,
des Marianes, des Carolines, des Amis,
de la Société, des Marquises, de Sandwich, et les habitans de la Nouvelle-
Zélande en font partie, presque sans
exception. En vain l'on a prétendu n'y
voir qu'une race bâtarde, provenue
de Caucasiques et de Mongols, ou
d'Hindous et de Siniques : quiconque
aura vu un seul Malais de race pure,
repoussera cette idée.

En attendant que l'espèce Neptunienne nous soit mieux connue, nous
y admettons trois races.

1° *Race Malaise* (ORIENTALE). Dans
les Hommes de cette race que nous
avons eu occasion d'examiner et de
comparer avec des Chinois et avec

des Hindous qui leur sont à la vérité le plus ressemblans, nous avons reconnu une taille avantageuse, dont la moyenne était cinq pieds trois ou quatre pouces : on dit que dans les îles Marianes, ils sont encore plus grands et très forts. Leur corps est assez bien pris, musclé, jamais chargé d'embonpoint; leurs membres sont bien faits, quoiqu'un peu trop déliés; le pied est petit, quoique presque jamais il n'ait été contenu dans une chaussure. Ce caractère nous a paru d'autant plus remarquable dans les Malais, que, tandis qu'il semblait se communiquer aux Créoles Européens des mêmes latitudes, qui marchent ordinairement les pieds nus, durant leur enfance, et souvent jusqu'au temps de la puberté, quelle que puisse être leur fortune, sans que les pieds cessent d'être petits et jolis ; les Neptuniens océaniques d'Otaïti, les femmes particulièrement, ont ces parties grandes et plates.

La peau des Malais est de couleur marron, ou plutôt de rhubarbe, tirant sur le rouge de brique, le jaunâtre, le brun, le cuivre de rosette, et même se rapprochant du blanc, du cendré et du noir, selon les mélanges de sang, ou le voisinage de la ligne et autres localités. A Timor, où il en existe peut-être plusieurs races, il y en a de tout rouges, et d'autres fort bruns. A Ternate, ils sont plus foncés, tirant sur le bistre. Les plus beaux sont les habitans des îles Nicobar, quant aux formes et aux traits ; mais ils sont presque des nègres par la teinte : ceux de Macassar sont les plus laids, ayant les pommettes fort saillantes, le menton carré, et un certain aspect de bête sauvage (1). Aux environs de Manille, et surtout à Formose où les Femmes passent pour admirables, il en est de presque blancs. La contexture de la tête, et la proportion de son volume, aux déformations près qu'y peuvent imprimer les usages de diverses peuplades, rappelle l'espèce Japétique plus qu'aucune autre, mais les yeux sont tant soit peu plus écartés et ouverts en long ; la paupière supérieure qui n'est pas boursoufflée, paraissant toujours à demi fermée, les yeux sont un peu relevés vers les tempes, comme chez les Siniques ; la prunelle y est essentiellement noire comme du jais, et l'iris tirant sur le jaunàtre; les pommettes sont un peu saillantes, mais pas toujours désagréablement. Le nez, distingué du front par un enfoncement, est fort peu différent du nôtre, et même communément assez bien fait. La bouche moyenne est garnie de dents verticales, avec les lèvres à-peu-près pareilles à celles des Européens, ou un peu plus épaisses, et souvent très vivement colorées. (2)

On doit observer que l'usage de mâcher du Bétel, mêlé avec de l'Arec et de la chaux, venu de cette race, et qu'ont adopté presque tous les peuples des parties chaudes de l'Asie, rend bientôt les dents noires, mais n'altère pas les couleurs des gencives, de la langue ou du palais; aussi n'avons-nous pas été médiocrement sur-

pris en découvrant que les Malais, leurs
femmes surtout, avaient ordinairement
l'intérieur de la bouche d'un violet
prononcé, ce que nous ne pouvons
mieux comparer qu'à la couleur du
palais et de la langue des Chiens de la
variété vulgairement appelée Carlins.
Ce caractère singulier, qui a pourtant
échappé jusqu'ici aux observateurs, a
été également reconnu par notre savant
ami le capitaine de vaisseau
Freycinet, qui, après l'avoir con-
staté sur presque toutes les côtes où
il aborda dans son dernier et mémorable voyage, nous a dit cependant
ne l'avoir pas toujours retrouvé aux
Philippines, ce qui prouverait qu'il
existe des variétés Neptuniennes où il
a disparu. Nous présumons cependant
qu'il dut s'étendre jusqu'aux Mexi-

caïns et aux Péruviens de même origine, encore que personne ne s'en
soit aperçu, ou du moins ne l'ait rapporté; et nous fondons cette conjec-
ture sur ce que plusieurs dames de
Galice et Andalouses, que nous avons
eu occasion d'observer soigneusement,
et qui, toutes blanches qu'elles étaient,
descendant d'employés du gouvernement dans l'Amérique espagnole, provenaient d'alliances Péruviennes et
Mexicaines connues, présentaient des
traces sensibles de ce caractère. Leurs
dents fort saines, leur haleine parfaitement pure, indiquaient assez que la
couleur sensiblement noirâtre de leur
langue et du palais, ne venait d'aucun
état maladif. Quelques dames des îles
de France, et de Mascareigne surtout,
dont le teint était cependant d'une

blancheur admirable, nous ont offert la même singularité; mais on croyait se souvenir dans le pays qu'il y avait eu certains mélanges de sang Malais dans leurs familles de souche Européenne, et même réputées nobles.

Les peuples Malais ont les cheveux lisses, unis, noirs et luisans. Quand ils ne les rasent pas autour de la tête, pour n'en laisser croître qu'une touffe au vertex, ces cheveux deviennent longs; on les relève alors sur le derrière en paquets souvent énormes, retenus par des nœuds ou par des broches et des peignes, à-peu-près comme on le pratique en Europe. La barbe est rigide et assez fournie dans quelques-uns : d'autres, les plus orientaux, semblent en manquer entièrement; à ceux-là appartient peut-être la variété Américainé, qu'on nous a représentée imberbe.

Chez tous les peuples de la race Malaise, les Femmes peuvent être réputées belles. Le grand nombre de celles que nous avons examinées, et que l'âge n'avait pas flétries, avaient le sein agréablement hémisphérique, élevé, ferme, en un mot parfait en tout point, avec la peau merveilleusement douce et unie, sans que nulle odeur désagréable s'en exhalât, pour peu qu'elles eussent soin de leur personne. Ces Femmes font un grand usage de l'eau ; leur extrême propreté se fait remarquer en tous lieux. C'est à dater du temps où les Européens entrèrent en communication avec elles, après avoir doublé le cap de Bonne-Espérance, que nous vint dans la toilette du corps, et par nos colonies, cette recherche qu'ignoraient nos aïeux. Avant cette époque, et long-temps après même, tant les vieilles habitudes s'effacent difficilement, nos mères étaient à certains égards ce que la plupart de nos paysannes sont encore aujourd'hui; elles ne supposaient pas qu'on pût se servir d'éponges autre-ment que pour laver les pieds des che-vaux; et des meubles, maintenant indispensables chez les personnes bien élevées, comme chez la plus vulgaire des Asiatiques, leur étaient entièrement inconnus. C'était le temps où Henri IV, modèle de galanterie, voulait que cha-que chose eût son fumet particulier, et se plaignait, dans l'intimité, de ce que la reine employât des onguens balsamiques pour déguiser l'odeur qui lui plaisait le plus.

Les femmes Malaises, après s'être baignées, oignent leur corps et leurs cheveux de quelque huile parfumée, qui en entretient la douceur. Excessivement souples, lascives, et préférant les Européens aux Hommes de leur espèce, elles s'appliquent à prouver cette préférence par mille raffinemens lubriques qui ne sont guère connus que des Chinoises. La multiplicité, la rapidité de leurs mouvemens dans diverses circonstances s'allient fort bien avec la mollesse de leurs allures nonchalantes. Nubiles de très bonne heure, dès neuf à dix ans, on les dit moins fécondes que les autres Femmes. Leurs maris, indifféremment monogames et polygames, ne sont pas, à beaucoup près, aussi voluptueux qu'elles. Ils sont généralement féroces, vindicatifs, sans foi, inconstans, paresseux quand l'occasion de se livrer à quelque acte lucratif de brigandage ne s'offre point à leur active soif de larcin.

Les Malais ont un penchant irrésistible à s'enivrer avec des liqueurs spiritueuses, qu'ils obtiennent de plusieurs végétaux, selon les climats. Devenant furieux, quand ils en ont pris avec excès, ils se jettent, armés de leur kris ou poignard, sur tous les êtres vivans : ce n'est qu'en les tuant à coups de fusil, dès qu'ils ont un peu trop bu, que les Européens, à Batavia particulièrement, se mettent à l'abri de leur frénésie bachique. Pirates par nature, ils rendent la navigation des mers de l'Inde et de la Chine fort périlleuse. Le Sagou est leur nourriture de prédilection, à laquelle se mêlent le Riz et le Poisson ; dans quelques îles où le Sagou n'est pas commun, ils lui ont substitué diverses racines, ou le fruit de l'Arbre-à-Pain. L'usage des épiceries leur est dû ; il nous est venu d'eux, primitivement par l'Inde ; plus tard ce sont ces épiceries qui nous appelèrent dans leurs îles, où elles sont pour les habitans ce qu'est le Poivre pour les Hindous, et le Piment pour les Ethiopiens. Ce sont aussi les Malais qui mâchent le plus de Bétel avec de la Chaux vive et du fruit d'Arequier. On attribue à cette coutume, qui fait bientôt perdre les dents, la couleur rouge-de-brique de leurs excrémens qui sont à peine fétides.

Nulle part les Malais ne vont complètement nus; quelle que soit la pauvreté de la peuplade à laquelle ils appartiennent, ils emploient toujours quelques moyens pour cacher diverses parties de leur corps, sans avoir pour cela des sentimens de pudeur bien distincts. Chez ceux dont la fréquentation des Européens n'a point altéré les usages primitifs, les vêtemens consistent, pour les Hommes, dans une pièce d'étoffe fixée autour des reins en manière de petits jupons ou de caleçons qui ne passent pas le genou, et pour les Femmes, en pagnes plus grandes, contournées, arrêtées sous la gorge par quelque nœud, et descendant jusqu'aux chevilles. Le haut du corps demeure toujours nu, et le sein entièrement découvert, si ce n'est chez quelques habitans des villes, et chez les gens de guerre qui portent sur l'épaule une pièce d'étoffe du pays, ou de mousseline grossière en guise de manteau. Leurs armes sont une lance fort légère, garnie d'un long fer ou d'une pointe en bois durci, le *Kris*, et quelques sabres assez grossièrement faits, d'un usage peu commode. Ils n'ont ni prêtres ni culte commun, quand le mahométisme ne s'est pas introduit dans leur patrie; mais ils montrent du penchant pour cette croyance, et professent beaucoup de respect pour les restes des morts. Les idées, sublimement abstraites du christianisme, n'ont pu faire le moindre progrès chez eux. Ayant déjà beaucoup de peine à concevoir un seul Dieu, ils eussent moins encore pu comprendre le Dieu triple des Hindous importé en Europe. Leur langue est la plus douce de la terre. Ils n'ont pas d'écriture qui leur soit propre. Le très petit nombre d'entre eux, quand les pratiques du commerce les forcent d'y recourir dans nos comptoirs où ils sont devenus sédentaires, emploie ordinairement les caractères inventés chez l'espèce Sinique.

Nulle part aujourd'hui on ne voit les Malais posséder le moindre empire sur la terre ; ils se contentent de celui des mers Indiennes équatoriales. Ils ont au reste beaucoup perdu de leurs traits originaires et de leur caractère, dans les îles de la Sonde particulièrement, où depuis trois ou quatre siècles se confondent presque toutes les espèces du genre humain. A Java, aux Moluques, par exemple, des Chinois, des Hindous, des Arabiques-Maures, et des Européens de toutes les nations, qui transportèrent des Ethiopiens, ont dénaturé l'espèce. Ailleurs, particulièrement à Célèbes, les Hommes hideux que nous nommerons Mélaniens, et les Australasiens difformes, s'y sont aussi mêlés, tandis que de véritables Malais pénétraient dans notre Europe, sans qu'on puisse découvrir par quelle cause et en quel temps. Cette horde, accablée de mépris et connue en Espagne sous les noms de *Gitanos* et *Gitanas*, appartient évidemment à l'espèce Neptunienne ; elle en conserve les traits et la teinte sans mélange : elle est peut-être demeurée plus pure dans la péninsule Ibérique, où l'isolent son abjection et les préjugés du pays, qu'en aucun autre endroit de l'univers. Elle s'y adonne aux mêmes pratiques que les Malais de l'Inde dont elle ne conserve cependant pas le moindre souvenir, et c'est à tort que certains écrivains qui ont parlé de l'Espagne sans la connaître suffisamment, y ont vu des Bohèmes ou des enfans de l'antique Egypte, avec laquelle la horde Gitane n'eut jamais le moindre rapport (3).

2° *Race Océanique* (OCCIDENTALE). Celle-ci paraît s'être séparée de la précédente avant la connaissance des métaux, si toutefois elle n'eut pas un berceau différent. La Nouvelle-Zélande, où l'on voit des monts fort élevés, et qui dut saillir au-dessus de la mer quand la Nouvelle-Hollande était encore inondée (4), nous semblerait être le lieu dont elle sortit pour s'étendre vers le Nord et dans tous les ar-

chipels de l'Océan-Pacifique que n'occupent pas des Mélaniens, des Papous,
ou même des Siniques et des Hindous,
qui ont aussi pénétré dans quelques
parties de l'Océanique (5). Le méri-
dien de la Nouvelle-Zélande, qui passe
à-peu-près entre les îles Fidgi et celles dont Tongatabou est la plus grande, formerait sa limite occidentale.
Ainsi, les îles Mulgraves, Sandwich,
des Marquises, de la Société, des Amis,
et même l'Ile-de-Pâques, seraient exclusivement peuplées par les Hommes
dont les caractères physiques sont:
une plus haute stature que chez les
autres Neptuniens, une peau plus
jaunâtre et moins foncée en couleur;
l'oreille naturellement petite; des cheveux toujours plats, courts, et plus
fins; des pieds gros et des jambes for-

tes, tandis que les Malais ont, comme nous l'avons vu, ces parties élégamment proportionnées, et que les Mélaniens et Australasiens les ont au contraire trop grêles. Dans cette race, les Hommes sont mieux que les Femmes; les charmes de ces dernières furent néanmoins très célébrés par les premiers marins qui, après des privations inséparables des longues navigations, abordèrent sur leurs îles, disposés à trouver tout beau : elles sont, au rapport de MM. Durville et Lesson, observateurs exacts, plutôt laides que jolies, avec quelque chose de grossier dans les traits, et de ce qu'on désigne vulgairement par le mot *hommasse*; mais à l'exception de leurs pieds plats et communs, les formes du reste de leur corps, des hanches et des épaules sont parfaites ; la gorge surtout est exactement hémisphérique , bien placée et des plus fermes , ce qui établit un caractère qu'on retrouve rarement hors des races Pélage, Adamique, et de l'espèce Hindouc (6). Leur extrême propreté étonna Labillardière , chez les demi-sauvages de l'une des îles des Amis ; ce savant voyageur fait un grand éloge des Femmes de Tongatabou.

A la Nouvelle-Zélande, les Hommes et les Femmes l'emportent encore sous le rapport des avantages physiques : mais tous sont demeurés anthropophages, et l'anthropophagie semble se confondre chez eux avec quelque aberration de culte, puisque des sacrifices humains y sont pratiqués par des espèces de prêtres qui se réservent la

cervelle des victimes, comme la part
la plus digne d'être offerte à la divinité (7). A défaut de chair humaine, ils
mangent beaucoup d'une racine de
Fougère peu nourrissante, et qui passe
pour être la cause du diamètre ex-
traordinaire de leurs déjections toujours solides, et quelquefois aussi
grosses que le bas de la jambe, ce qui
suppose une conformation particulière dans le sphincter qui leur donne
passage. L'art de conserver les têtes
des ennemis vaincus, aussi parfaitement que les antiques Egyptiens préparaient leurs momies ; des ébauches
d'imitation en dessins, en sculptures ou
hiéroglyphiques , avec des traditions
oralement conservées, semblent indiquer, selon la plupart des voyageurs
qui nous ont parlé des Océaniens, que

ces barbares ont eu quelques communications avec d'autres espèces appartenant à l'Ancien-Monde, à des époques très reculées, et peut-être quand on pouvait aller par mer de la Nouvelle-Zélande jusque chez les Hindous et les Adamiques, en naviguant par-dessus l'Australasie, ou cinquième Continent, qui n'existait point encore, et dont tout indique l'apparition récente au-dessus des mers.

3° *Race Papoue* (INTERMÉDIAIRE). Nous considérons comme hybrides et formés de l'alliance de l'espèce Neptunienne, et des Nègres de l'Océanique que nous appellerons Mélaniens, ces Papous qui habitent une presqu'île et la côte septentrionale de la Nouvelle-Guinée, outre quelques petites îles des environs, telles que

Waigiou , Sallawaty , Gammen et Battenta, situées entre les îles occupées par les deux races précédentes, et les régions Australasiennes. On les avait jusqu'ici confondus avec l'espèce Noire de la mer du Sud. C'est à MM. Quoy et Gaimard, qui secondèrent si bien M. Freycinet dans sa glorieuse expédition, qu'on doit le redressement de cette erreur *. Ces zélés naturalistes ont apporté beaucoup plus d'attention qu'on ne l'avait fait jusqu'ici à l'étude des races et des variétés humaines ; ils n'ont pas entassé de vaines phrases déclamatoires sur leur compte, mais ils ont reconnu que les Papous, qui n'ont pas les traits et la chevelure des Malais, ne sont pas pour cela des Nègres, et qu'ils tiennent le milieu entre

* *Zool. du voyage de l'Uranie*, p. 1 à 11.

les deux espèces, sous le rapport du caractère, de la physionomie et de la nature des cheveux, tandis que la forme du crâne se rapproche de celle qui paraît propre à l'espèce Neptunienne.

Les Papous ont en général une taille moyenne et passablement prise, encore qu'on en trouve beaucoup dont la complexion est faible, et les membres un peu grèles. Leur peau, qui n'est pas noire, est d'un brun foncé, comme mi-partie des teintes que présentent les types, du croisement desquels nous les faisons descendre; elle est souvent affectée d'efflorescences lépreuses; leurs cheveux, également intermédiaires, sont très noirs, ni lisses ni crépus, mais laineux, assez fins, frisant beaucoup naturellement, ce qui donne à la tête

un volume énorme en apparence, surtout quand les Papous négligent de
relever leur sorte de toison, et d'en
fixer les flocons en arrière. Ils ont
peu de barbe, mais elle est fort noire
à la moustache; la prunelle de leurs
yeux est de la même couleur. Encore
qu'ils aient le nez sensiblement épaté,
les lèvres épaisses, les pommettes larges, leur physionomie n'est point désagréable, et leur rire n'est pas grossier. MM. Gaimard et Quoy ajoutent à
ces précieux détails des observations
exactes et fort bien faites sur la conformation ostéologique de la tête. Ces
observations seront insérées dans la
relation du beau voyage de Freycinet,
où nous renverrons le lecteur.

La plupart des Papous composent,
avec l'espèce suivante, les plus réelle-

ment sauvages de tous les Hommes. On a même dit qu'ils connaissaient à peine l'usage du feu; mais les voyageurs ennemis de toute exagération, nient absolument ce fait. Il paraît, au contraire, que plusieurs familles de cette race ont, dès les premiers temps où des Arabes pénétrèrent dans la Polynésie, abandonné leur fétichisme pour embrasser la religion de Mahomet. Haïs des autres Hommes, comme si le sort des Métis était partout de se voir repousser des bras paternels, ils vivent dans une défiance mutuelle et permanente, et ne marchent qu'armés de leur arc, avec deux ou trois gros carquois bien munis de flèches. (8)

---

(1) Ces hommes hideux de Macassar, dont nous avons vu quelques individus, ne sont certaine-

ment pas des Malais de race pure, encore que
nous les mentionnons ici sur l'autorité de certains voyageurs. Ils pourraient bien résulter de
quelque mélange avec ces Alfourous dont il sera
question à la note de l'espèce Australasienne,
n° VIII , et sur l'histoire naturelle desquels nous
devons de précieux détails à M Lesson.

(2) M. Lesson , dans la partie zoologique du
voyage autour du monde entrepris sur *la Coquille*, et dont nous avons déjà signalé le mérite
(*note* 9 , § 1 , *p.* 99), adopte notre race Malaise,
comme le premier rameau de ses Hindous–Caucasiques. Les caractères qu'il lui assigne sont à-peu-
près ceux que nous venons d'énumérer. Il ajoute à
leur histoire des faits très intéressans ; mais il
leur suppose une origine caucasique avec un mélange de sang mongole , en s'appuyant de l'opinion des orientalistes les plus éclairés , qui leur
donnent la Tartarie ou le royaume d'Ava pour
patrie primitive. Outre qu'on peut être un orien-
taliste fort instruit, et un naturaliste médiocre ;
et qu'il y a loin de la Tartarie ou du royaume
d'Ava au mont Caucase ; nous ne pensons pas
qu'on doive conclure avec Sir Raffles, de ce que
certains Malais possèdent des empreintes de la

Vache et de l'Eléphant, que ces Malais soient des Hindous. On reconnaît chez les anciens Ibériens et chez les Carthaginois des empreintes de Vaches et d'Eléphans; cependant ni les uns ni les autres ne sont venus des bords du Gange. De ce que le docte Leyden (*Trans. Bat.*, *t.* VII) imagine que le javanais a le plus grand rapport avec le sanskrit, il n'est pas indispensable que les Javanais et les Brames soient absolument les mêmes hommes; et sommes-nous des Arabes, parce que nos signes arithmétiques se trouvent être ceux des Arabes? On verra, § V du présent ouvrage, combien les rapports de parenté qu'on prétend reconnaître entre les Hommes par certaines conformités de langage peuvent être mal fondés. C'est pour attacher trop de poids à ces ressemblances, souvent bien éloignées, qu'on tombe dans une multitude d'erreurs sur les temps primitifs. Voir une même espèce dans tous les Hommes qui parlent à peu près les uns comme les autres, et qui emploient une écriture où les lettres se ressemblent plus ou moins, peut n'être pas une chose plus raisonnable que de regarder comme d'espèce identique ces jeunes Egyptiens ou ces Ethiopiens d'Haiti qui viennent apprendre le français à Paris, et le maître de langue qui le leur enseigne.

(3) Le voyageur anglais Knox rapporte qu'il existait à Ceylan (en 1679) deux races d'Hommes bien distinctes, dont une d'origine malaise, et dont l'autre, dit-il, présentait quelque ressemblance de couleur avec les Africains. Il y avait, en outre, une race de gueux, qu'on ne pouvait mieux comparer qu'aux Gitanos d'Espagne, mendiant par troupes, dansant, faisant des tours d'adresse, et prodiguant les titres les plus pompeux aux personnes qu'ils importunaient de leurs demandes. Lorsqu'ils se donnaient la peine de travailler, ils entreprenaient les professions les plus aviles. On rapporte qu'ils descendaient d'une antique famille d'habiles chasseurs, qui s'étaient obligés à fournir de gibier la table du roi. Mais on découvrit qu'au lieu de chair de bêtes, ils livraient de la chair humaine. Le prince fut d'autant plus irrité, lorsqu'on découvrit la supercherie, qu'il avait long-temps trouvé le gibier délicieux. Jugeant la peine de mort un châtiment trop doux pour un si grand crime, il condamna les *Dodda-Vaddas*, c'était le nom de la famille chasseresse, à l'éternelle abjection ; et

depuis ce temps, ils sont si détestés, qu'on ne leur permet pas même de prendre de l'eau dans les puits ni dans les fontaines ; ils sont réduits à celle des ruisseaux et des marais. Quelques-uns de leurs descendans ont quitté le pays, pour se soustraire à tant de mépris ; mais partout ils ont porté avec eux les habitudes qui, nées de leur abjection, étaient devenues leur seconde nature ; et on les a reconnus dans les Gitanos si répandus au midi de l'Espagne.

(4) « L'opinion qui admet que la Nouvelle-Hollande est sortie plus récemment du sein des eaux est généralement reçue ; et, quoique l'intérieur du pays soit pour nous couvert d'un voile mystérieux, ce qu'on connaît du littoral donne le plus grand poids à notre façon de voir ». (*Lesson, Voyage de la Coquille autour du monde, sect. Zool.*)

(5) Ce sont ces Hindous, et surtout ces Sinjques, qui, par leur mélange avec des Papous, des Océaniens, et même des Mélaniens égarés sur les îles des vastes archipels des Marianes et des Carolines, à mesure que des Polypiers élevaient celles-ci à la surface des flots, produisirent cette variété d'Hybrides que M. Lesson (*loc. cit. p.* 67)

appelle Carolins, et parmi laquelle on trouve empreintes tant de nuances des caractères des types primitifs, que nous ne croyons pas la devoir élever au degré de race.

(6) C'est particulièrement au sujet de cette race Océanique de l'espèce Neptunienne que nous engagerons nos lecteurs à consulter la magnifique relation du voyage de *la Coquille*, parce que l'article de M. Lesson y est du plus haut intérêt. M. Lesson a fort bien vu, et ne parle pas moins bien de ce qu'il a su voir. En examinant les questions qu'il soumet sur l'origine de la race dont on s'occupe ici, nous trouvons avec lui qu'il y aurait une exagération ridicule à supposer que tous les individus océaniques fussent autochtones sur les moindres îles où on en rencontre. Mais il n'est guère plus philosophique de faire venir ces Hommes, auxquels on trouve des caractères distinctifs fort tranchés, toujours des Hindous, qui ne leur ressemblent pas plus que les Caraïbes ne ressemblent aux Allemands. Il est douteux qu'on puisse ainsi pousser raisonnablement des colonies du Caucase jusqu'à l'île de Pâques. Non, sans doute, chaque rescif de corail ou chaque soupirail volcanique, ne se peuple

point d'autochtones, en s'élevant à la surface des mers, et en formant des îles nouvelles. Il est, d'ailleurs, évident, par les communications qui existent souvent entre les insulaires d'un archipel de l'Océan Pacifique à l'autre, au moyen de leurs rapides pirogues, que ces insulaires doivent s'être propagés de proche en proche dans le plus grand nombre des points où nous les trouvons. Mais si on ne veut pas absolument qu'ils soient les aborigènes des plus hautes terres de leur patrie disséminée, pourquoi les faire venir des Asiatiques plutôt que des Américains? Trouver des indices de leur passage aux pays de Siam ou de Camboge, ou bien chez les Dayaks de l'intérieur de Bornéo, n'est que la preuve de l'émigration de quelque famille Océanique vers ces contrées. Sur les rives des deux presqu'îles indiennes, et de la Polynésie surtout, où la richesse des productions du sol et la mansuétude des mers, durent attirer de temps immémorial les navigateurs de toutes les parties de l'univers, les espèces et les races humaines se mêlèrent par eau, et conduites par le négoce, ainsi que, vers l'ouest de l'ancien continent boréal, elles se mêlèrent par terre, attirées les unes sur les autres par la fureur des conquêtes. C'est conséquemment en Europe et dans les îles Asiatiques qu'on observe un plus grand mélange de sang humain, mélange dont il est d'autant plus difficile de démêler la confusion chez les Hommes de la Polynésie, qu'ils ne sont pas encore suffisamment connus et qu'ils n'écrivirent pas leur histoire.

Il est, au reste, assez remarquable qu'en cherchant l'origine des habitans de ce qu'on appelait naguère encore les îles de la mer du Sud, tantôt chez les Indiens, tantôt chez les Chinois, tantôt ailleurs, personne ne l'ait supposée américaine. L'habitude où l'on était de peupler le Nouveau-Monde avec des enfans du patriarche Seth ne l'a sans doute pas permis. Une telle opinion pourrait cependant se soutenir tout comme une autre. En attendant qu'on nous en prouve la possibilité, nous continuerons à reconnaître le point d'où s'irradia la race Océanique dans la Nouvelle-Zélande.

(7) Parmi les intéressans et nombreux détails que M. Lesson a recueillis sur la race Océanique, et qui complètent ce qui vient d'en être rapporté, nous citerons le rafinement d'anthropophagie qui

déterminc les chefs à se réserver quelques parts choisies de leur proie humaine. Dans leur croyance atroce, « Ils placent dans le ciel quelques-uns de leurs organes, qu'ils transforment en météores célestes, dit M. Lesson (*loc. cit. p.* 64) : arracher les yeux d'un ennemi, boire son sang, dévorer ses chairs palpitantes, c'est hériter de son courage, de sa valeur, commander à son dieu, et enfin accroître ainsi la puissance que chaque guerrier ambitionne ». Turnbull (*Voyage autour du monde, in-8', 1807, p.* 341) rapporte qu'à Taïti « lorsque le corps d'un Homme choisi pour servir de victime expiatoire est déposé sur le moraï, on lui enlève les yeux, pour les présenter au roi, sur une feuille d'arbre à pain ; celui-ci ouvre la bouche comme pour avaler l'offrande : il est supposé en acquérir plus de force et d'adresse». Marsden, dans son voyage à la Nouvelle-Zélande, observa la même coutume ; et c'est ainsi que le fameux chef Shongé avait arraché et dévoré les yeux de plusieurs de ses ennemis, dans la ferme persuasion qu'il se les appropriait, et que le nombre des étoiles qui lui étaient consacrées au ciel s'augmentait ainsi de celles des chefs qu'il avait vaincus ; car, selon

la croyance de ces peuples, chaque œil, après
la mort, est une étoile qui brille au firmament.
On ne doit cependant pas conclure de ces hor-
ribles usages que l'anthropophagie des habitans
de l'Océanie soit une preuve que leurs croyances
viennent des Hindous, où, de quelque façon
qu'on torture le texte des anciens et du voyageur
Marco-Polo, nulle caste ne fut jamais anthropo-
phage. Le goût des Hommes pour la chair de
leurs semblables n'a point sa source dans les
idées religieuses, qu'il précéda sans doute partout; il vient de la sauvagerie et de la misère.
La religion, quelque barbare qu'elle puisse être
quand elle commence à se former chez les hordes
sortant de l'état de brute, inventée pour asservir
la masse à quelques individus dégrossis les premiers, doit, dans l'intérêt du sacerdoce domi--
nateur, protéger la multiplication de la société
croissante, qui en acquiert un plus grand degré
de force sous la main des sacrificateurs; elle
proscrit donc nécessairement l'anthropophagie
dans son propre intérêt. Mais, pour en détourner
ses esclaves, elle ne la défend pas d'abord; elle
en réserve les délices pour les dieux, et pour les
rois, quand les prêtres qui se font les interprètes

de la divinité, daignent tolérer des rois. Ce privilège que conservent des potentats grossiers de manger des yeux, et les prêtres sanguinaires de se gorger de cervelles humaines, est plutôt la preuve de la désuétude de l'anthropophagie, qu'un rapport avec des nations parvenues à un certain degré de civilisation. Il serait moins déraisonnable de soupçonner dans ces usages des points de ressemblance entre les Océaniens et les Celtes qu'entre les Océaniens et les Asiatiques. Gardons-nous de chercher des traces de filiation chez les Hommes dans des coutumes semblables, quand ces coutumes tiennent à l'organisation ainsi qu'aux besoins. Autant vaudrait dire que les Etourneaux et les Loups de nos climats viennent des Perroquets de la Polynésie et des Hyènes de l'Afrique, parce que les Etourneaux et les Perroquets apprennent également à parler, et que les Hyènes ainsi que les Loups mangent des moutons, quand les bergers négligent la garde du troupeau.

(8) M. Lesson, dans la partie zoologique du voyage de *la Coquille,* que nous citons avec tant de plaisir, parle (*pag.* 84 *et suiv.*) des Papous ; mais il les distingue des Papouas. Les premiers

sont évidemment les Hybrides, dont il vient d'être ici question ; les seconds, qu'il regarde comme une variété trop peu distincte pour être traitée dans un article à part, nous en semblent, au contraire, tellement éloignés, que nous n'hésitons pas à les regarder comme appartenant à l'espèce Mélanienne de la section des Ulotriques, c'est-à-dire des Hommes à cheveux crépus, qu'on pourrait appeler à toison : M. Lesson peint ses Papouas riverains de la Nouvelle-Guinée, et répandus jusque dans la Nouvelle-Bretagne, la Nouvelle-Irlande, les îles de Salomon, etc. (*p.* 87), comme des Nègres *crispâ tortilique comâ*, de taille médiocre, mais parmi lesquels on trouve de fort beaux Hommes, ayant les membres proportionnés, et souvent des formes athlétiques. Les mœurs des Papouas de M. Lesson sont, d'ailleurs, à peu près celles des Mélaniens, que le savant voyageur appelle Tasmaniens, ce qui, selon nous, décide de l'identité.

VIII. Espèce Australasienne.

Homo Australasicus. Dans cette espèce, récemment distinguée de la précédente, si l'on s'en rapporte aux dessins de Petit, qui ont été gravés dans l'Atlas de la relation de l'expédition de Baudin par Péron et Freycinet *, la boîte osseuse de la tête serait assez ronde, et point déprimée sur le vertex; mais les mâchoires très prolongées antérieurement y réduiraient l'angle facial à soixante-quinze degrés au plus, et les dents y seraient sensiblement proclives à la supérieure surtout. Le front fuyant en arrière, les ailes du nez fort largement relevées, les lèvres, particulièrement celle du haut, hideusement épaissies et proéminentes, formant une sorte de museau, y donnent au visage

* Pl. 20, 21, 22, 23, 24, 25, 26? 27, et 28.

la plus déplorable ressemblance avec celui des Mandrils; il n'y manque guère que ces rides latérales, et les couleurs vives dont la nature sembla se plaire à enlaidir encore les grands Singes; mais comme si l'Australasien eût envié ces bizarres attributs, il emprunte de l'art les teintes que la nature lui refusa. Il barbouille ses pommettes proéminentes, son front, la pointe de son nez légèrement aquilin, et son menton carré, avec une terre d'un rouge de sang. (1)

Dans cette espèce, les yeux bruns et assez beaux paraissent bien plus grands que chez les Neptuniens ou les Siniques, et sans aucune expression de férocité prononcée. L'arcade sourcilière, fortement saillante, se couronne d'un poil épais; c'est par le milieu

que la moustache est le plus fournie ;
les cheveux ne sont ni crépus ni même
laineux ; noirs et par flocons, ils semblent n'être jamais aussi longs que
dans les autres espèces à cheveux lisses ; soit qu'on les coupe, soit qu'on
les laisse croître le plus possible, sans
les attacher par derrière, ces cheveux
imitent communément, dans un dés-
ordre qui n'est pas disgracieux, ce que
l'on appelle, en style de mode, coiffure
à la Titus. La barbe semble être rare,
particulièrement au menton, mais assez garnie en avant de l'oreille qui
est de taille moyenne, plutôt grande
que petite, et assez bien conformée.
La peau couleur de terre d'ombre, tirant au bistre, rappelle celle de certaines variétés de l'espèce Neptunienne ; mais un caractère qui distingue

l'Australasien de tout ce que nous plaçons dans cette première section léiotrique du genre Homme, est cette disproportion qu'on retrouve seulement dans l'espèce Mélanienne, et qui existe entre les membres et le corps : dans les Australasiens, le tronc est bien constitué, et tel qu'il doit être chez des Hommes de forte taille et doués d'une certaine vigueur physique ; mais des bras longs et grêles, des cuisses et des jambes fluettes, et qui semblent à peine capables de les soutenir, trahissent une faiblesse que les expériences du dynamomètre ont démontrée. Chez les Femmes, où les cuisses et les jambes sont également menues, le bassin n'est guère plus prononcé que dans les Hommes, et la gorge à-peu-près hémisphérique, n'ac-

quiert qu'avec l'âge cette conformation pyriforme qui nous paraît si désagréable chez les individus femelles
des espèces Ethiopiennes et Hyperboréennes.

Les plus bruts des Hommes, les
derniers sortis des mains de la nature,
sans religion, sans lois, sans arts, vivant misérablement par couples, totalement étrangers à l'état social, les
Australasiens n'ont pas la moindre
idée de leur nudité et ne songent point
à cacher les organes qui les reprodui-
sent; ce n'est que leurs épaules qu'ils
couvrent par une sorte de manteau
formé de la peau d'un Kanguroo, attaché négligemment sous le cou, et qui
descend à-peu-près jusqu'aux jarrets.
On nous les représente toujours avec
un fragment d'étoffe autour de la tête.

On ne leur connaît pas d'habitations,
pas même de tentes. A peine, lorsqu'ils
allument du feu pour faire cuire des
coquillages, se forment-ils un abri du
côté du vent avec quelques branchages
grossièrement assemblés, et qui ne
les sauraient garantir de la pluie à laquelle ils demeurent exposés avec une
résignation stupide. Leur terre ne produisant aucun fruit mangeable, aucune
racine nourricière, aucun animal qu'on
ait réduit en domesticité, les Mollus-
ques et les Poissons d'une mer prodigue, avec la chair de quelques bêtes
sauvages, alimentent leur vie déplorable. On les a soupçonnés d'anthropophagie, mais sans preuves suffisan-
tes. L'arc, tout simple qu'il est, leur
est inconnu; ils n'ont d'autres armes
que de longues piques, si des perches

à peine dressées, amincies aux deux
bouts, et que ne garnissent pas même
quelque épine d'arbre ou quelque
arrête, peuvent mériter ce nom. Ils
emploient aussi des massues fort courtes ou casse-têtes, et de très petits
boucliers. Ils sont exclusivement propres à l'Australasie, d'abord appelée
Nouvelle-Hollande. On les a plus particulièrement observés à la Nouvelle-
Galles du Sud; il est probable qu'ils
n'en fréquentent que les rivages, et
qu'encore très peu nombreux et modernes sur la terre, ils laissent, à-peu-
près désert, l'intérieur de ce pays, le
dernier sorti des eaux. On ne sait rien
sur la durée de leur vie, mais on a
des raisons de supposer qu'elle est
moins longue que celle des autres

Hommes. Les borgnes y sont très fréquens.

---

(1) A cette espèce appartiennent évidemment ces familles malheureuses, répandues dans la Nouvelle-Guinée et dans les grandes îles de la polynésie, où tous les Hommes semblent se plaire à les persécuter, sous les noms d'*Haraforas*, d'*Alfourous* et d'*Endamènes*. Elle composa peut-être la population primitive des Moluques, mais à coup sûr l'île de Madagascar n'offrit jamais rien d'analogue. C'est une erreur que les voyageurs copient les uns d'après les autres ; et l'idée de faire venir des Nègres crépus ou non crépus de quelque région africaine que ce soit, pour peupler la terre de Diémen, les îles Fidji ou Mindanao, nous paraît insoutenable. Aucune race Ethiopienne n'a jamais été navigatrice ; l'histoire l'atteste ; et Madagascar, sur la côte occidentale seulement, présentait quelques familles Cafres, que le voisinage y avait attirées ; mais les Canaries, si rapprochées de la Sénégambie, étaient peuplées d'Atlantes, et non de Nègres, quand on les découvrit ; tandis que les îles du Cap-Vert, d'Annobon, du Prince,

de Saint-Thomas, et du Canal de Mozambique, si proches de l'Afrique, demeuraient désertes. Comment des Hommes qui n'avaient pas songé à passer sur des terres, si voisines qu'on en eût pu distinguer plusieurs du rivage opposé, eussent-ils traversé l'Océan indien et les écueils de la Sonde, pour aller peupler à revers la Nouvelle-Hollande, avec les îles qui pour eux étaient les plus éloignées de l'univers? Dans une telle traversée, il ne serait pas resté la moindre famille Ethiopienne comme jalon, sur les îles de Mascareigne, de Maurice, de Rodrigue et des Séchelles, qu'on trouva sans habitans, quand les Européens les découvrirent il y a peu de siècles! Il serait en vérité moins déraisonnable de faire venir les Brochets qu'on trouve dans les rivières des Etats-Unis de ceux qu'on pêche dans le Danube, parce qu'au moins il en existe dans l'Europe occidentale, et même, dit-on, dans les eaux douces des Açores, qui sont des points intermédiaires où ces poissons eussent pu durant leur voyage, laisser des colonies. D'ailleurs, ni les Australasiens, ni les Alfourous ou Haraforas, ni les Endamènes ne sont des Nègres selon la signification propre du mot, qui emporte l'idée de cheveux crépus ; et ceux des Hommes basanés à cheveux lisses qu'on rencontre dans les parties orientales de Madagascar, dont nous avons examiné plusieurs, appartiennent à la race Malaise pure.

FIN DU PREMIER VOLUME.